不完美决策

BETTER, NOT PERFECT

完成比完美更重要

A Realist's Guide
to Maximum
Sustainable Goodness

[美]马克斯·巴泽曼——著　李亚丽——译
Max H. Bazerman

中信出版集团｜北京

图书在版编目（CIP）数据

不完美决策 /（美）马克斯·巴泽曼著；李亚丽译 . -- 北京：中信出版社，2023.4
书名原文：Better, Not Perfect
ISBN 978-7-5217-5201-4

Ⅰ.①不… Ⅱ.①马… ②李… Ⅲ.①决策（心理学）－通俗读物 Ⅳ.① B842.5-49

中国国家版本馆 CIP 数据核字（2023）第 035681 号

Better, Not Perfect
Copyright © 2020 by Max H. Bazerman
Simplified Chinese translation copyright © 2023 by CITIC Press Corporation
ALL RIGHTS RESERVED
本书仅限中国大陆地区发行销售

不完美决策

著者：　　［美］马克斯·巴泽曼
译者：　　李亚丽
出版发行：中信出版集团股份有限公司
　　　　　（北京市朝阳区东三环北路 27 号嘉铭中心　邮编　100020）
承印者：　宝蕾元仁浩（天津）印刷有限公司

开本：787mm×1092mm　1/16　　印张：16　　字数：200 千字
版次：2023 年 4 月第 1 版　　　　印次：2023 年 4 月第 1 次印刷
京权图字：01-2022-5079　　　　　书号：ISBN 978-7-5217-5201-4
　　　　　　　　　　　　　　　　定价：69.00 元

版权所有·侵权必究
如有印刷、装订问题，本公司负责调换。
服务热线：400-600-8099
投稿邮箱：author@citicpub.com

献给以下这些了不起的人物，他们都出现在本书中，一直为我指明方向，告诉我如何才能做得更好。

雷切尔·艾奇森

贝卡·巴泽狗（我家的狗狗）

马克·布道尔森

多莉·丘

玛拉·费尔彻

布鲁斯·弗里德里希

乔舒亚·格林

威廉·麦卡斯基尔

道格·梅丁

彼得·辛格

赞誉

采撷哲学精华，融入心理学相关研究，加上毕生实践智慧，就得出了这本书英文版副标题的结论：最大化持续向好的现实指南。读完该书，你就能过上更好的生活——不仅对你自己更好，对这个世界也更好！

——**彼得·辛格** 普林斯顿大学教授，《动物解放》与《实践伦理学》作者

美国伟大的哲学家威廉·詹姆斯给我们带来了实用主义，他写道："思考的目的是行动。"巴泽曼的这本书完美地阐述了实用主义，该主义能解决 21 世纪的问题。巴泽曼很有天赋：对待当今最棘手的伦理问题，他总能抓住核心，用最有说服力的科学知识和论据，帮助我们更好地面对这些问题。他立场清晰，对人性充满同情，你一定会被他征服——你会立刻站起来做点什么。马克斯·巴泽曼是一个非常有感染力的人，在这个充满不确定性的世界中，他让你充满希望，他将成为你的向导，帮助你做出不求完美，但求更好的选择。

——**马扎林·贝纳基** 哈佛大学教授，《认知力》合著者

世界充满了危机，面临全球健康、环境、动物福利等一系列问题。当务之急是弄清楚我们要如何做才能解决这些问题。在这本书中，哈佛

商学院教授马克斯·巴泽曼提出了切实可行的路线图,帮助读者了解周遭世界,以便在战略上、效率上更好行事。在大学毕业的头十年里,我力求完美,而不是更好。唉,我多么希望自己能早点读到这本书,并以此来指导我的职业决策。

——**布鲁斯·弗里德里希** "美食研究所"(gfi.org)联合创始人兼首席执行官

基于有效利他主义的理念,在关于如何利用时间、金钱、智力和影响力,让世界变得更加美好这个问题上,巴泽曼提出了重要的新见解。这本书可以帮助读者更好行善。

——**威廉·麦卡斯基尔** "有效利他主义中心"联合创始人,《做得更好》(*Doing Good Better*)作者

我们都希望相信,自己将帮助世界变得更加美好。但是,在人生中如何才能抵达至善的境界呢?一步一个脚印踏实向前。在这本令人愉快、引人入胜的书中,马克斯·巴泽曼将哲学带入日常生活,让我们思考如何改进在现实生活中做出的决定,从而可以为朋友、社区以及社会创造更多价值。也许你可以减少肉类产品消费量,而不必转向素食主义;也许你可以发明一种以植物为原料的肉类替代品,而不必将你收入的50%捐给慈善机构。巴泽曼呼吁我们更加利他——更好,但不求完美。更加理性的思考和更少的直觉,将帮助我们做出更好的道德决策,引导我们找到北极星。

——**舍雷尔·沃当** 《钢索》(*Tightrope*)合著者

我们总是很快就能发现别人犯下的道德错误，但当发现自己犯下的错误时，大都为时已晚。作为这一领域的重要专家，马克斯·巴泽曼向我们展示了如何避免道德错误，并如何在这一过程中做更多好事。

——**亚当·格兰特**　《沃顿商学院最受欢迎的思维课》和《离经叛道》(*Originals*)作者，TED播客《职业生涯》主持人

马克斯·巴泽曼既是一位行为科学家，也是一位乐善好施者——每当我在人生决策中遇到困难时，我都会向他请教。这本睿智的指南，向我们展示了为什么完美确实是好的敌人，以及我们如何才能做得更好。

——**安杰拉·达克沃思**　宾夕法尼亚大学教授，《坚毅》作者

目 录

前 言 III

第一部分　改进决策的新思维

我们的研究旨在确定什么才是更好的决策，并指明通向这一目标的路径。我们不需要努力做到完美，因为无论如何，我们都不可能做到完美。

第一章　完成比完美更重要 003

第二章　激活我们的认知潜能 021

第三章　做出明智取舍 037

第四章　发挥我们诚实的天性 055

第五章　善于发现和创造价值 079

第二部分 | **接纳这个世界的不完美**

能够看到自己的缺点,并相应改正自己的行为。即使很清楚自己目前的局限性,也努力思考如何随着时间的推移,继续朝着更好的自己迈进。

第六章　努力促进平等 ……099

第七章　减少不必要的浪费 ……121

第八章　合理分配时间 ……141

第九章　善用慈善的力量 ……161

第三部分 | **在不完美中达成价值最大化**

在许多情况下,仅仅相当小的变化就可以改进成百上千的决策。影响自我和他人的最佳方式是理解其真实需求,而不是一味地专注于无法达到的理想状态。

第十章　借助他人实现价值倍增 ……181

第十一章　以可持续的方式做出好的决策 ……199

致　谢 ……209

注　释 ……215

前　言

1993年，我还在西北大学任教时，在艾伦中心参加了一场行为科学与环境方面的会议，并在会上发表了演讲。艾伦中心位于伊利诺伊州埃文斯顿市，是一座相当不伦不类的现代建筑，但好在该中心视野开阔，能把密歇根湖尽收眼底。我在演讲过程中，顺便提到自己已经是一个素食主义者了。这时，听众中有人回应说自己虽然吃鱼，但也算是素食主义者。我回答说："那你就是一个渔夫素食者（fisheterian）。"我知道应该用"鱼素食者"（pescatarian）这个词来指代像他这样的人，但我想尝试着自创一个新词，以达到幽默的效果，却没想到这是一个非常糟糕的尝试。演讲结束后，认知心理学家道格·梅丁找到我。在我告诉你他说了什么之前，重要的是要让你知道，道格是我的朋友，他非常温和、友善、聪明。"马克斯，"道格说，"对于那个吃鱼的家伙，你的评论太有攻击性了，这真的是太愚蠢了！""愚蠢"一词出自道格之口，非常刺耳，但却非常准确。道格所言非常有道理，他说，允许食鱼者自称为素食主义者，此人便不大可能成为一个吃红肉的人，甚至最终很有可能连鱼也不吃了。道格的观点是，我们对别人所采取的每一个积极行动，都应该鼓励，而不应强调其所欠缺的东西。

我心里明白道格是完全正确的。我用尖刻的言辞，试图让评论者更加道德——无论从哪个角度来看,这都是一个糟糕的策略。首先,我试图把自己的目标强加给另一个人,暗示他的道德行为需要改进。我还运用了自己的价值体系——特别是吃鱼在道德上是错误的——来引导他质疑自己吃鱼的饮食习惯。此外,我的表现完全不像一个社会科学家,全然没有思考以下问题:如何才能引导另一个人——一个我不太了解的人,改变其行为。我相信我的努力失败了,道格比我更了解别人的心理,他知道如何才能改变评论者的道德行为。

在过去的几十年里,我从来没有放弃努力,努力让自己变得更道德、更有洞察力,也没有放弃鼓励别人变得更道德,但我认为现在的自己,正在以一种更有效的方式去做这一切。写这本书的过程,有助于我思考,如何才能更有效地实现这些目标。如果我成功了,这本书会让你变得更好——更成功、更道德、更有效地为他人创造价值。我们将探讨最新的理论和研究成果,我们现在知道,当涉及帮助人们,包括我们自己,达到我所说的"最大化持续向善水平"时,这些理论和研究成果还是很有效的。

当然,要做到这一点,我们首先需要对道德的定义达成共识。我的看法与功利主义哲学和大多数哲学不同,我不会对你当前的行为做出道德判断。相反,让我们假设,所有人都希望为自己和他人创造更多的价值——我们的能力,远比自己想象的更大。在涉及道德层面的问题上,我不希望你们赞同我的价值观或优先事项,比如素食主义。我不想给善行下定义,不想将其局限在一套狭隘的社会规则里。我当然不会引导你去信仰某个特定的宗教。我也不会要求你总是说实话,或向你的谈判对手透露你的所有信息。

相反,我们所指的"伦理",与功利主义哲学家所说的"伦理"

非常类似：通过为世界上所有有情生物创造尽可能多的价值，来实现最大的善。通过创造更多价值，你会变得更好，做得更好。我们的目标将是确定具体步骤，以获得创造更多价值的能力，并达到我所说的最大化持续向善的水平。也就是说，我们的目标不是让你变得完美，而是鼓励你走上持续向善的道路，并维持在一定的水平上，这种水平是你在余生都能保持和享受的水平。

. . . . . .

在本书前五章中，我们将探索一种全新的思维方式，以改进道德决策。我有一套改进自己道德行为的规定性方法，该方法正是建立在这种全新的思维方式基础之上的，后面会有详细介绍。第一章将阐述我的总体观点。我们将看到：每个人都有潜力为自己和社会创造更大的价值；我们不需要努力做到完美，因为无论如何，我们都不可能做到完美；系统性障碍会阻碍我们做出更多有道德的行为。正如我们将在第二章中探讨的，激活智力的全部潜能，是做出价值最大化决策的基础，但认知和道德障碍有时会妨碍我们。通过认识绕开这些障碍的有效途径，我们就有了做得更好的心态。第三章介绍了权衡取舍的概念——这是谈判领域的一个熟悉话题——其目标不仅是为谈判桌上的各方创造最大价值，还要为所有人创造最大价值。第四章呼吁大家消除腐败，这听起来好像没什么新意，但实际上本章提出了很多促变抓手，这是我们大多数人都没有意识到的。第五章帮助我们注意到创造价值的机会，这些机会往往是很容易被人忽视的。

接下来的四章，重在应用上述理念，把上述理念落实到我们大多数人可以改进的领域：平等/部落主义、减少浪费、更好地利用时间，以及提高慈善决定的有效性。本书的最后一部分，将提供额外指导，帮助大家充分发挥潜力，通过影响他人的决策，为社会做出更大贡献。最后，在本书结束之际，对于如何才能实现最大化持续向善，我会分享自己的思考。

　　道德挑战并不新鲜，但生活中每天都有新的、不同的挑战出现。伯纳德·麦道夫诈骗几百亿美元的案件提醒我们，我们比以往任何时候，都更容易受到骗子的伤害，也许我们在故意无视其罪行。恐怖主义引发了一个艰难的决定，即什么样的过程，才是获取信息所需的适当过程，才能确保人们的安全。实业界想出越来越多的方法，让我们的生活变得更轻松，与此同时，我们的环境足迹也一天比一天更深，破坏性也更大。在美国，当国家领导集体不再追求真理时，公民面临的挑战是如何行动。在许多国家，寻找集体价值已经不再是国家的目标。我们迫切需要找到并追随一颗北极星，以便创造更多的道德和价值，从而支撑自己做得更好。

第一部分

改进决策的新思维

第一章
完成比完美更重要

2018年4月,"有效利他主义大会"在麻省理工学院举行,我将在大会上接受采访,我住在马萨诸塞州剑桥市,距离麻省理工学院大约五公里。[1]由于无法全程参会,我赶在采访前大约一小时到达会场。会场很大,里面坐满了几百名参会者,其中大多数人都不到30岁。对他们来说,有机会在听我发言前聆听布鲁斯·弗里德里希的演讲,虽然很偶然,但绝对很值得。我从未见过布鲁斯,他那天的演讲令我深感震撼——无论是在个人层面,还是在学术层面。布鲁斯是一名律师,也是美食研究所首席执行官,他使我了解到减少动物痛苦的新思路。他在演讲中指出,素食主义发展非常缓慢,该主义承诺不吃肉或鱼。向朋友宣扬素食主义的美德显然并非良策,因为这既不能改变朋友的行为,也不利于维系友情。素食有很多好处:改善环境质量进而提升人类健康水平,提高食品生产效率从而让更多人远离饥饿,降低日益严重的抗生素危机带来的风险。素食者应该怎样做,才能帮助他人也享受到减少肉类消费量以及改善社会的诸多好处呢?

布鲁斯回答了上述问题,他提到了一个由企业家、投资者和科学家组成的世界,其中某些投资者非常富有,这三类人与美食研究所合作，创造出了口感与肉类非常接近的新型"肉类"。他们鼓励人们食用这种新型"肉类"，因为这不会给任何动物带来痛苦、受难或死亡。这些替代肉类包含两种成分：一种是市场上已经出现的新型植物产品，如"人造肉"（Beyond Meat）和"人造汉堡"（Impossible Burger）这两家公司推出的产品；另一种是"培育"肉类，也称为"清洁"或"细胞性"肉类，这些肉类是用动物细胞在实验室中培育出来的，因而无须杀害更多动物。布鲁斯认为，与其鼓吹肉类消费的负面影响，不如生产美味价廉、在市场和餐馆随处可见的肉类替代品，唯有后者才能更加有效地减少动物痛苦。这种企业是能够盈利的："人造肉"是一家年轻的公司，在布鲁斯演讲一年后，该公司首次公开募股，其市值便高达37.7亿美元。几个月后，其市值更是飙升了数十亿美元。

许多管理学者对领导力的定义如下：改变追随者心灵和思想的能力。请注意，布鲁斯的策略并没有改变人们的价值观，而是激励人们改变行为，并且几乎不需要做出任何牺牲。这只是一个例子，说明我们应该如何调整自己的行为，并鼓励他人也这样做，从而带来更多益处。在本书中，我们将探讨更多的类似例子。

中间地带

我的职业是商学院教授。商学院的目标是通过实践研究和指导，找到如何才能做得更好的路径。我经常给学生开出如何才能做得更好的药方：如何做出更好的决策，如何更高效地谈判，如何才能在各方面都做得更好。而伦理学家却与此形成鲜明对比，他们要么是哲学家——总是强调人们应该怎么做，要么是行为科学家——只是描述人们实际怎么做。而我们的目标，是在哲学方法和行为科学方法之间另辟蹊径，开辟出一个中间地带，在那里我们可以对好行为做出规范。首先，我们需要清楚地认识立论的基础。

哲学的标准性方法

许多学科的学者都写过关于伦理决策的文章，但到目前为止，影响最大的还是哲学家。千百年来，哲学家一直在争论什么是道德行为，并提出了诸多关于道德标准的理论，规定人们应该怎么做。这些道德标准理论通常可以分为几大流派：功利主义主张总体利益最大化，道义论强调保护人权和基本自治，自由主义注重保护个人自由。宽泛而言，道德哲学流派的区别，主要体现在侧重点不同，即是更侧重于创造价值还是尊重人权自由。然而所有流派都有一个共性，即都倾向于规定行为标准——其焦点是"应该怎么做"。换言之，哲学理论往往明确规定了道德行为的构成标准。我确信，自己可能很难达到大多数道德哲学的标准，特别是功利主义所规定的伦理行为标准。我还确信，如果我试图从哲学的角度来实现纯粹的伦理，依然会败下阵来。

心理学的描述性方法

最近几十年来，特别是在 21 世纪初安然公司倒闭后，行为科学家开始进入伦理领域，创立了行为伦理学，记录人们的行为——描述我们实际怎么做。[2] 例如，心理学家记录了我们如何基于自身利益，从事不道德行为，而没有意识到有何不妥。人们普遍认为自己的贡献大于实际贡献，同时会高估自己单位和亲朋好友的价值，认为其价值比真实价值更大。行为伦理学指出，我们之所以违背自身价值取向，做出不道德行为，可归因于环境和心理过程。描述性研究的重点，并非新闻里的大坏蛋，如麦道夫、斯基林或爱泼斯坦，而是通过研究证据表明，大多数所谓好人经常也会干坏事。[3]

但求更好：走向规范性方法

我们将从哲学和心理学出发，探寻一条规范性道路。行为科学家已经观察并描述了真实世界里基于直觉的行为，我们可以比上述行为做得更好，且无须要求自己或他人达到功利主义哲学家所规定的不合理的高标准。我们将超越以下两个方面：从哲学角度诊断什么是合乎伦理的，从心理学角度判断我们哪里出了错。唯有这样，我们才能够根据自己的价值取向，找到更合乎伦理、能做更多好事的方法。我们可以改变日常生活中的诸多小决定，以确保生活更有意义，而不是专注于在理论上定义伦理决定。当我们朝着更好的方向前进时，可以依靠哲学和心理学来获得洞察力。这两者的精心组合，能产生一种脚踏实地、切实可行的方法，在此生有限的时间里，帮助我们做更多的好事，同时在此过程中更积极地看待自己的人生成就。哲学为我们提供了一个目标，而心理学将帮助我们理解为什么距离该目标如此遥远。通过在两者之间导航，我们每个人都可以在此生变得更好。

其他领域的路线图

在标准性方法和描述性方法的基础上，建构一种崭新的规范性方法，旨在改进决策和行为，这在伦理学领域无疑是新颖的，但这种演变在其他领域早已发生：该方法对谈判和决策颇有成效。

更好的谈判

几十年来，谈判领域的研究理论可以大致分为两种：标准性理论和描述性理论。前者规定人们应该如何做，后者记录人们实际如何做。经济学界的博弈论者提出了标准性解释，说明在各方都完全理性并有能力预测其他各方完全理性的世界中，人类应该如何做。与之相反的是，行为科学家提出了描述性阐释，说明在现实世界中人们实际是如何做的。这两个理论几乎没有任何互动。哈佛大学教授霍华德·雷法提出了一个绝妙概念，将两者结合到一起：一种不对称的规定性/描述性谈判方法。[4] 也许这个名称比较拗口，但雷法的核心见解是为客户提供最好的谈判建议，而不用假设其谈判对手会完全理性行事。我和斯坦福大学教授玛格丽特·尼尔以及一批优秀的同事一起，证明只有理性的谈判者才能更好地预测他人的行为，毕竟其他各方不可能是完全理性的，从而进一步充实了雷法的规定性谈判方法。[5] 我和雷法、尼尔以及同事们的共同目标，是尽可能帮助谈判者做出最佳决定，但同时也接受对人们实际行为的准确描述。我们的做法开辟了一条有用的道路，改变了大学谈判教学以及全世界谈判实践的方式。

更好的决策

决策领域也出现了类似的突破。在 21 世纪之前，研究决策的经济学家提出了一套标准，规定理性行为者应该怎么做，而新兴的行为决策研究则描述了人们实际怎么做。在其工作中，行为决策研究者默认的假设前提是：一旦找出人们的错误并告诉他们，就有望修正其充满偏见的判断，从而促使他们做出更好的决策。然而不幸的是，事实证明这一假设是错误的。研究结果已多次表明，人们并不知道如何修正充满偏见的直觉。[6] 例如，无论多少次指出人们有过度自信的倾向，他们都会继续做出过度自信的选择。[7]

幸运的是，我们成功地找到了一些方法，可以帮助人们纠正偏见，做出更好的决策。以丹尼尔·卡尼曼的《思考，快与慢》为例，该书精辟阐释了认知功能系统1和系统2之间的区别，这两个系统是人类决策的两种主要模式。[8] 系统1指的是直觉系统，该系统的特点是快速、无意识、轻松、含蓄、情绪化。人们日常生活中的大多数决定，都是通过系统1思维做出的，例如，在超市买哪种品牌的面包，开车过程中何时刹车，对刚认识的人说点什么。与此相反，系统2的特点是缓慢、有意识、费劲、明确、合乎逻辑，例如，我们在权衡成本收益、使用公式或与聪明的友人交谈时，需要通过系统2来完成。大量证据表明，系统2做出的决策，通常比系统1更明智、更道德。虽然系统2不能保证总是做出明智的决策，但在人们需要做出重大决策时，向其展示从系统1转向系统2的好处，并鼓励他们这样做，可以帮助人们朝着更好、更道德的决策方向前进。[9]

2008年，理查德·塞勒和卡斯·桑斯坦出版了畅销书《助推》，该书提出了另一种规范性的决策方法。[10] 虽然我们并不知道如何修正直觉，但塞勒和桑斯坦认为，我们可以重新设计决策环境，预测直觉何时可能出错，从而做出更明智的决策——这是一种被称为选择架构的干预策略。例如，为了解决人们为退休所做的储蓄不足问题，目前许多雇主自动为雇员登记401（k）养老金计划，并允许他们选择退出该计划。把决策默认值从要求用户主动登记改为自动登记后，可以显著提高储蓄率。

谈判和决策领域取得了卓有成效的进展，给我们提供了一幅路线图，既从标准工具包中借鉴了确定有用目标的思想，例如，尽量做出更加理性的决策，同时又能与描述性研究相结合，阐明最优行为方式的局限性。这种规定性视角有可能改变我们的思维方式，重新定义什么是正确、公正和道德，从而使我们变得更好。

伦理的北极星

我们的研究旨在确定什么才是更好的决策，并指明通向这一方向的路径。道德哲学大都建立在以下论点之上：在各种伦理困境中，怎样做才是最合乎道德规定的。通过这些假设推理，不同流派的哲学家们纷纷提出了自己的一套原则，并认为人们在做出具有道德成分的决策时，应该遵循这套原则。

在阐释有关道德行为的不同观点时，最常用的两难困境被称为"电车难题"。这个难题的经典场景如下：假设你正在看着一辆失控的电车沿着轨道飞驰。如果你不干预，电车将导致五人死亡。你可以通过启动一个变轨开关来拯救这些人。这个开关会让电车转向，驶入另一条侧轨，撞死那里的一名工人。抛开潜在的法律问题不谈，你认为启动开关导致电车转向是合乎道德的吗？[11]

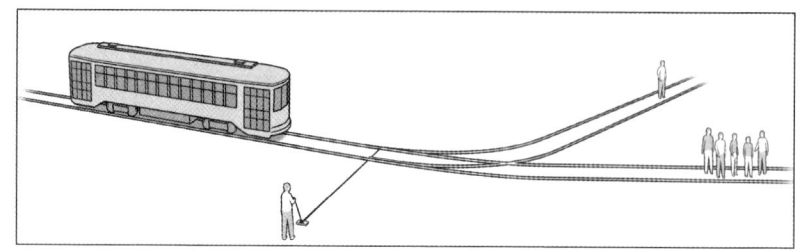
电车难题

大多数人的回答都是肯定的,因为五个人的死亡显然比一个人的死亡更糟糕。[12] 在这个问题上,大众的选择符合功利主义逻辑。功利主义的代表性学者是杰里米·边沁、约翰·穆勒、亨利·西奇威克、彼得·辛格和乔舒亚·格林,该主义认为道德行为应该建立在效用最大化的基础之上。换言之,能给众生创造最大价值的即是有道德的行为。当然,很难评估哪种行为能够实现效用最大化。然而对于功利主义者而言,牢记这一目标,可以确保决策时思路更清晰,从而顺利解决包括电车难题在内的问题。

目前,我们暂且以功利主义为试金石,来探索全新领域。有趣的是,大多数人早已赞同功利主义的诸多基本道德结构:

- 为所有众生创造尽可能多的价值;
- 在实现自己所能创造的善的过程中,追求效率;
- 做出道德决策时,不受自身财富或社会地位影响;
- 平等对待所有人的利益。

我的建议大都经得起对功利主义的批评,甚至对那些拒绝接受功利主义某些主张的读者而言，也是有意义的。

出于实际目的，为众生创造最大化的总价值，将是本书在伦理行为方面追寻的北极星。然而，我们的行为与这些目标相去甚远。回到心理学，赫伯特·西蒙指出，我们受制于"有限理性"[13]，也就是说，当我们试图保持理性时，我们的能力面临认知局限。同样，我们追求效用最大化的能力也是有限的，因为系统性的认知障碍会阻止我们以更加功利的方式行事。在接下来的章节中，我们将探讨这些障碍，以及克服障碍的方法。其中某些障碍与阻碍我们变得更加理性的因素是一样的，相信自我意识的增强会种下改变的种子。另外一些障碍，则需要通过干预措施来防止陷入伦理的盲点。不管是哪种方式，如果你能在不付出任何代价的情况下做得更好，那么朝着这个方向努力就应该很容易。

扫除障碍

在将功利主义作为前行的北极星之前，不妨先考虑一下该方法无可避免会带来的问题。首先，尽管人们不会全盘接受功利主义，但大多数人认可功利主义的核心成分，然而"功利主义"一词常常会激怒人们。这个糟糕的名字制约了功利主义：该词暗示着效率、自私，甚至是对人道主义的蔑视——这些都违背了该主义创立者的初衷。显然，边沁和穆勒没有一个很好的市场营销部门。最近，乔舒亚·格林主张用"深度实用主义"取代"功利主义"。他在《道德部落》一书中写道："当你的约会对象说'我是一个功利主义者'时，你就该立即结账走人……但是，如果约会对象是一个'深度实用主义者'，你就可以带其回家过夜，然后再带其去见父母。"[14]

其次，许多人会问："为利益最大化而奋斗是正确的目标吗？"如果大家的条件完全相同，几乎所有人都想为世界做更多的好事。然而事实上大家的条件并不相同，有许多人对自己的权利、自由和自主看得很重，正如下面这个电车难题的伴生问题所示。

在人行天桥的困境中，疾驰在铁轨上的电车再次失控，如果不采取任何措施，将导致五人死亡。然而，这一次，你站在铁轨上方的一座人行天桥上，身旁是一名背着大背包的铁路工人。你可以把那人（连同他那沉重的背包）推下桥，让他摔在铁轨上，从而拯救那五个人。铁路工人无疑会死，但他的身体会让电车停下来，那五个人就会得救。你自己无法救人，因为你没有那个沉重的背包。为了拯救那五个人，你会把这个陌生人置于死地吗？这样做道德吗？[15]

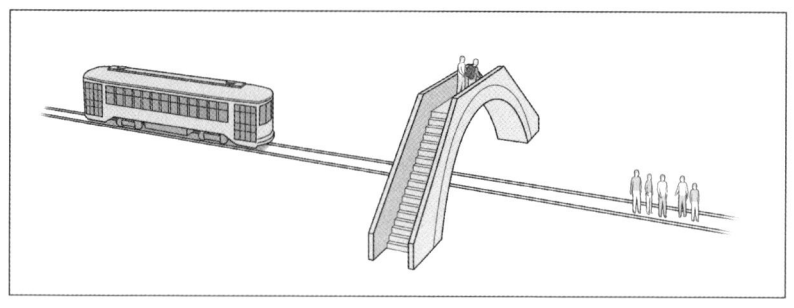

天桥困境

在上述案例中，虽然与电车困境一样，存在以一换五的交易，但大多数人反对把那个铁路工人推下天桥。天桥困境引发了一种截然不同的道德形式。在回答为什么不推这个人时，人们往往会说，"那无疑就是谋杀呀""目的的正当性并不能证明手段的正当性""人都是有权利的"。这些都是伦理哲学家的常见论点。[16]乔舒亚·格林及其同事们在这方面的研究非常出色,因此我们才能了解,人们对这两个问题的不同回答,体现了大脑不同部位的不同反应。[17]天桥困境提出是否应该推下潜在"受害者"去拯救另外五个人,一想到潜在"受害者"的权利,我们的情绪反应就激活了腹内侧前额叶皮质,从而很难下手去推。但总有人会克服这种情绪冲动,想着应该尽量挽救更多生命,创造更大价值,从而把潜在"受害者"推下天桥,做出这个决定的是背外侧前额叶皮质中受控的认知过程。[18]这些证据有力地表明,把人从天桥上推下去的行为,唤起了大多数人在面对电车困境时所没有的情感。然而,总是有人会在这两个问题上做出一致的决定:他们会在第一个问题上启动变轨开关,也会在第二个问题上把铁路工人推下天桥。

在一系列类似的难题中,有个问题让坚定的功利主义者也很难做出选择。这一次是外科医生难题,该难题是由已故英国哲学家菲利帕·富特的案例改编而来:

> 五名患者正在医院接受治疗,预计很快就会不治而亡。第六个人也在同一家医院接受例行检查。医院的移植外科医生发现,拯救这五名病人的唯一办法是杀死第六个人,并将他的健康器官移植到这五名病人体内。然而这样做在道德上是否正确呢?[19]

毋庸置疑,大多数人会对该问题感到震惊,并会毫不犹豫地拒绝这个以一换五的交易。其实我也坚决反对该交易。在先前的电车难题上,为什么那么多人愿意按下变轨开关,而在外科医生问题上,则几乎没人赞成从健康人身上摘取五个器官呢？可见即便是坚定的功利主义者，在决策时也不得不考虑现实世界的具体因素：人们意识到，社会的众多权利和规则，创造了二阶价值。如果可以把一个无辜的人从街上拖走，摘取其器官去拯救医院里的五个垂死患者，社会就会崩溃，创造快乐和减少痛苦的机会就会减少。因此，我们这些功利主义者也重视权利、自由和自主，之所以这样做，是因为我们相信这些特质能够创造长期价值。其他哲学拒绝将这一间接路径作为重视权利、自由和自主的理由，他们坚持认为这些特质具有内在价值。例如，义务论者（deontologist）坚称，为了符合道德，我们必须将正义本身视为目的。他们认为，行为的道德性应基于行为本身的对错，而非仅看后果。因此，义务论者认为，在人行天桥问题上，没人有权利把那个铁路工人从桥上推下去。而自由主义者则认为，个人有权享有个人自由和自主权，这远比创造世界上最美好的事物更重要。

功利主义与义务论、自由主义，以及其他伦理观点的冲突由来已久。我对道德哲学中的这些争论很感兴趣，同时也坚持自己的观点，即尽量创造美好事物，通常是一条相当好的道路。在特定情况下，可以根据对正义、权利、自由和自主的关注进行调整。为实现我们的目标，特别要指出的重点是：你可以坚持自己对正义、权利、自治和自由的任何价值判断，但仍然可以在此找到有用的策略。功利主义推荐的决策，通常与大多数其他哲学一致，因其共同目标是做更多的好事，并减少伤害。理论冲突的起因，源于大家对道德的不同看法，我不想试图解决这个问题。我的目标是帮助大家努力成为更好的人，承认许多道德价值观既有内在价值又有长期利益，有助于我们实现目标。如果你对功利主义有任何怀疑，那就把本书的观点简化如下：在所有其他条件都相差无几时，我们应该努力创造尽可能多的价值。

对功利主义的第三个批评是：把充分实现效用最大化的程度作为衡量道德决策的准绳，无疑是一个非常严格的标准。纯粹的功利主义，意味着对你的快乐和痛苦的评价，不会超过对任何其他人的快乐和痛苦的评价，重视亲人的快乐和痛苦，就像重视其他陌生人的快乐和痛苦一样，包括那些在遥远国度的陌生人。对我们大多数人而言，这是很难做到的。因此，许多人拒绝接受这种哲学，甚至拒绝朝着这个目标努力，就像传说中在倒洗澡水时，连同水里的婴儿也一并倒掉。

正如我们在前面所讨论的，虽然决策研究人员并不期望人们完全理性，但他们将理性的概念作为一种目标状态，来帮助识别什么样的变化会引导人们做出更加理性的决策，但这些决策也并非是完全理性的。同理，功利主义可以成为指导道德决策的北极星——虽然这是一个我们永远无法达到的目标状态，但可以指引我们做出更好的决策。功利主义是一个有用的指南，可以让人变得更好，而不是完美。

最后，对功利主义以及大部分道德哲学的另一个批评是：这些哲学往往基于我们在现实生活中永远不会遇到的奇怪问题。然而，在当今现实生活中，确实能够找到与电车难题类似的情况。例如，在不久的将来，自动驾驶汽车将会非常普及，可以预见的好处是，过去由于驾驶员失误而造成的大多数事故，将被彻底消除，数百万人将不会因为交通事故丧生。机器学习将帮助我们创造更加安全的道路，但不能完全杜绝事故的发生，也不能完全避免事故会带来的伤害。自动驾驶汽车将面临两难境地：是拯救一名乘客，还是拯救五名行人呢？汽车公司需要用算法对车辆进行编程，以确定优先避免哪些危害。自动驾驶汽车必须做出选择，是应该优先保护乘客、行人、老年人、年轻人还是孕妇呢？年轻人的寿命可能比老年人的寿命更长，孕妇可以算两个人吗？

这些是目前正在热议的真实决策。汽车制造商认识到，自动驾驶汽车的车主，可能更青睐如下程序：优先考虑自己及家人的生活，而不是那些不认识的行人的生活。相反，监管者可能要求决策规则尽可能保护更多的人。

跨领域伦理

我虽然不认识你，但我可以快速做出判断：在某些领域，你是一个非常好的人；在另一些领域，你或许比较好；在某些你可能不会向任何人透露的领域，你可能做得并不好。我之所以可以在并不认识你的情况下，做出上述预测，是因为你是人，而人的行为是不一致的。对配偶忠诚之人，可能会认为谈判时欺骗客户或同事，是完全可以接受的行为。

对着镜子仔细评估自己很难，而评估名人的道德观则容易许多。让我们来看看慈善家安德鲁·卡内基吧，记者伊丽莎白·科尔贝特报道了他的道德不一致性，并发表在《纽约客》上。[20] 19世纪末，卡内基在钢铁和铁路领域积累了大量财富后，捐出了3.5亿美元，约占其财富的90%，设立了卡内基国际和平基金会、卡内基音乐厅、卡内基基金会、2500多个图书馆，以及卡内基技术学院，该学院现在是卡内基梅隆大学的一部分。卡内基分享了自己慈善决策背后的原因：他认为，人们应该在活着的时候捐钱，向更广泛的社区捐款，而不是把钱留给继承人，这样做无疑会创造更多的价值。虽然有效的利他主义者可能会质疑卡内基的某些慈善选择，但毫无疑问，他的慷慨为社会创造了巨大的价值。

与此同时，这个通过慈善事业创造了如此多价值的人，也破坏了价值，因为作为一个商业领袖，他非常吝啬、低效，甚至涉嫌潜在的犯罪行为。卡内基对待员工非常严苛，他曾授意旗下的卡内基钢铁公司大规模减薪，目的是破坏家乡宾夕法尼亚钢铁厂的工会。当工会拒绝签署新合同时，管理层将工人拒之门外，并从一家侦探公司请来数百名探子"看守"工厂设施。工人和探子之间爆发了一场冲突，造成了 16 人死亡。最终，工会被摧毁，许多工人失去了工作。这幅 1892 年的漫画，惟妙惟肖地描绘了安德鲁·卡内基创造价值和破坏价值的两面性。

萨克勒家族的行为，是这种两面性的现代版本。由于投身慈善事业，该家族的名字可以在许多重要机构中找到：华盛顿的萨克勒画廊，哈佛大学的萨克勒博物馆，纽约古根海姆博物馆的萨克勒艺术教育中心，卢浮宫的萨克勒展厅，纽约大都会艺术博物馆的北展馆，牛津大学、哥伦比亚大学和许多其他大学的萨克勒研究所。该家族还捐款设立了许多教授职位，并资助医学研究。

与此同时，许多人认为该家族是阿片类药物泛滥的罪魁祸首，近年来许多美国社区深受其害。1996年，萨克勒家族企业普渡制药推出处方止痛药奥施康定，该家族通过营销甚至是过度营销这种药物，狂赚了数十亿美元。多个统计显示，2018年每天有100多名美国人因服用阿片类药物丧生。有指控称，普渡制药经常故意鼓励阿片类药物成瘾，以最大限度地提高销售额，并从事各种不道德的促销活动。有人指控萨克勒夫妇从普渡制药公司中不正当地提取数十亿美元，将这些财富藏匿在离岸账户中，以免受害者索赔。[21] 许多城市、州和其他实体，对萨克勒夫妇提出了数千桩诉讼，主要涉及其在阿片危机中的角色，萨克勒夫妇拒绝承担任何责任，并威胁要将普渡制药纳入破产保护。虽然很难量化，但似乎萨克勒家族通过销售阿片类药物所造成的伤害，远远大于他们通过慈善捐款所带来的好处。

在《赢家通吃》一书中，阿南德·吉里德哈拉达斯指出，对于慈善家所造成的价值破坏，社会经常对他们网开一面。[22] 事实上，他认为社会上许多大慈善家之所以捐款，正是为了分散人们的注意力，引导人们不要关注他们所造成的伤害。吉里德哈拉达斯的观点可能有点过于愤世嫉俗，但我认为他要突出的重点很明确：综合判断一个人的标准，是依据其创造或破坏的累计净价值，而不是其行为的一个孤立方面。他还观察到了一个重要的现象：在我们大多数人所从事的活动中，有的活动能创造价值，而有的活动则破坏价值。认识到我们行为的多维性，既关注我们创造的价值，也关注我们带来的伤害，可以帮助我们确定哪些变化可能最有用。

因此，我们应该把决策过程作为一个整体来考虑，既要充分肯定自己做得好的地方，也要看到哪些地方需要进一步调整。然而不幸的是，我们在后一项任务上花费的时间太少。我们可能需要接受一些行为上的改变，从而让自己变得更加慷慨，愿意为他人的利益做出一定的自我牺牲。当然，除了为他人的利益而做出牺牲之外，我们还可以通过做出更加明智的决定，来创造更多的价值。我们还可以通过以下途径来创造更多价值：更清晰地思考，更有效地谈判，关注腐败并采取反腐行动，更清楚地意识到改进的机会。

第二章
激活我们的认知潜能

2007年，我在哈佛大学的朋友和同事、心理学家马赫扎瑞·班纳吉，为《超越常识：法庭上的心理科学》（*Beyond Common Sense: Psychological Science in the Courtroom*）一书撰写了精彩的序言，内容是关于"智慧的道德义务"的。[1] 班纳吉的论点，始于她给耶鲁大学本科新生所做的一次演讲，当时她指出如果不能开发认知潜能，不仅对学生不利，也对社会不利。班纳吉努力鼓励听众，使其感到有义务做出更明智的选择。

一旦我们做出错误的决定，必然会增加生病、早逝、接受错误的工作、失去工作、与错误的人结婚，以及经济损失的可能性。糟糕的决定，还会限制我们的慈善效率，伤害地球，伤害其他人，包括家人、朋友和同事，更不用说与我们共享地球的其他人，并限制我们最关心的组织实现最大效率。

当我们看到"智力"这个词时，我们倾向于认为这是一个相当固定的人格属性。然而，虽然人们的智力水平确实不同，但我们有能力积极发挥自己的智力能力，做出明智的决定，增加我们在生活中创造的价值。那么，是什么阻碍了我们？我们需要找出面前横亘的诸多障碍，以便获取"主动智能"——我们为决策带来的智慧，而不是描述我们是谁的固定特征。我们的目标应该是：让我们更积极的思考过程——最常见的是我们的系统 2 过程——参与具有道德重要性的重要决策，并形成良性发展趋势。我们都倾向于使用认知捷径，即系统 1 思维方式，但该方式却会阻止我们做出更好、更合乎道德的决定。正如我们将看到的，我们需要意志力和知识，来激活我们与生俱来的更好的决策过程。

克服障碍，激活主动智能

心理学和行为经济学领域，为我们如何更充分地利用智力并改善道德行为，提供了真知灼见，一个途径是我们必须减少偏见。赫伯特·西蒙的有限理性研究，使其获得了诺贝尔奖。在他之后，丹尼尔·卡尼曼和阿莫斯·特沃斯基开创了行为决策研究的现代领域，他俩提出了系统的、可预测的方式，来阐释个人偏离理性决策的情况。阻碍人类理性行事的偏见包括以下几种。[2]

- **过度自信**：在回答中等难度至极端困难的问题时，我们倾向于过度自信，相信自己的判断是绝对正确的。[3]
- **看问题的角度**：我们对风险的偏好，取决于我们看待问题或决策的角度。具体而言，如果强调我们有可能得到的东西，而不是强调我们有可能失去的东西，则我们会更加愿意规避风险。
- **锚定**：在进行估算时，我们以恰好可用的初始数字或值为基础，未及时对锚定数值进行必要的修正。

- **确认陷阱**：我们倾向于寻求信息，来支持我们已经认为是真实的东西，却未能寻找证据，来推翻自己的观点。
- **事后诸葛亮**：在已经得知某事件是否发生后，我们往往高估自己能够预测结果的准确程度（例如，某个政治候选人赢得选举的可能性）。
- **知识的诅咒**：当我们拥有某一特定领域的专业技能或知识时，我们便很难理解，在缺乏此类专业技能或知识的人看来，问题会是什么样子的。[4] 因此，教师往往对缺乏知识的学生缺乏同理心。

我和唐·摩尔在《管理决策中的判断》（*Judgment in Managerial Decision Making*）一书中，提供了一份全面的决策偏见列表。[5]

道德偏见

目前，研究人员已经发现好几十种认知偏见，其中有些认知偏见与道德决策高度相关。这些偏见，使得我们无法坚持自己内在的、更具反思性的道德标准——我们大多数人都不知道，这些因素在多大程度上影响了我们的决定，并造成伤害。这些道德偏见，源于我们对数学的无知、一厢情愿地希望从帮助他人中获得认可、对连通性的需求，以及自我关注。

数学教授约翰·艾伦·保罗士出版了专著《数盲》。该书一面世就成为畅销书，书中描述了数学上类似文盲的现象：对数字的无知，而不是对文字的无知。这种无知可能是由于缺乏技能，或缺乏通过定量信息进行思考的动机。保罗士认为,非智力因素既影响受教育机会较少的人,也影响受过教育和知识渊博的人,这与认知偏见的研究结果类似。

系统性偏见限制了我们清晰思考定量信息的能力。例如,研究人员询问了三个不同群体中的个体,为了挽救在未覆盖的油池中溺死的候鸟,他们理论上愿意支付多少钱。第一组需要挽救2000只鸟,第二组需要挽救2万只鸟,第三组需要挽救20万只鸟。假设我们关心鸟类的痛楚和疾苦,理性的分析会让我们预期,拯救这三批不同数量的鸟类的价值,将反映在不同程度的捐款意愿上。也就是说,为了拯救20万只鸟,我们愿意付出的捐款应该比挽救2000只鸟更多。然而事与愿违,这三组承诺的平均捐款金额分别为80美元、78美元和88美元——几乎是相同的金额。[6]这种类型的数字无知,被描述为范围不敏感或范围忽视。也就是说,利他行为的范围,对解决问题的贡献的大小几乎没有影响。[7]卡尼曼和他的同事认为,实验参与者只能想象"一只筋疲力尽的鸟,羽毛浸透在黑油中,无法逃脱"。[8]无论有多少只鸟处于危险之中,不管是2000只、2万只,还是20万只,这种情绪化的想象是让人们捐款的主要动机。我们在数量上忽略了零,只根据情感图像做出决定。

2007年,三位决策科学家德博拉·斯莫尔、乔治·勒文施泰因和保罗·斯洛维奇做了一项实验,他们给实验参与者每人5美元,让其完成一项问卷调查。[9]一半的参与者需要阅读以下文本:

> 马拉维有300多万儿童正深受粮食短缺的影响。在赞比亚,严重的降雨不足,导致玉米产量比2000年下降了42%,因此估

计有 300 万赞比亚人面临饥饿。有 400 万安哥拉人——占全国人口的 1/3——被迫逃离家园。埃塞俄比亚有 1100 多万人急需粮食援助。

另一半参与者会看到一张小女孩的照片，上面写着：

> 由于您的经济援助，她的生活会变得更好。在您的支持和其他有爱心的赞助商的支持下，"拯救儿童"组织将与罗基亚的家人，以及其他社区成员合作，为她提供食品，为她提供教育、基本医疗和卫生教育。

在上述两种情况下，参与者都被问到是否愿意捐献出 5 美元中的一部分或全部。在第一组中，23% 的人愿意捐款；在第二组中，有两倍的人——46%——愿意捐款。根据"可识别的受害者效应"，当我们面对一个特定的、可识别的受害者时，我们往往比面对一个具有相同需求水平却定义模糊的大群体时，更愿意提供更大的帮助。[10]

范围忽视和可识别的受害者效应，助长了我们直觉上的"数盲"，导致决策失误。然而，我们大多数人都赞同选择行为的目标，比如，捐款或投资我们的时间，把我们的金钱或时间投入可以做更多好事的目标，而不是简单感觉我们已经做过好事。

首先，我们为什么要为其他人做好事，比如那个可辨认的受害者？是为他人创造价值，还是在一些奇怪的非正式竞争中获得加分？大多数人都愿意相信前者才是行善的动机，但丹尼尔·卡尼曼和他的同事们，令人信服地解释了范围忽视现象，他们认为我们贡献的钱款数量，刚好够我们因为参与解决一个问题而获得赞赏，而不是考虑我们怎样做才能达到最大的行善效果。[11]

举个例子，我认为，为减少新兴经济体的饥饿而捐款，比向大型歌剧院捐款，能带来更多的好处（我意识到，波士顿歌剧院可能会认为我的观点很烦人，或缺乏文化成熟度）。但在筹集资金方面，重要的文化场所，显然比饥荒救济组织具有更大优势：文化场所会印刷活动计划，有时还会在墙上挂匾，按捐款水平列出捐赠者名单。同样，捐赠者喜欢在建筑物上看到自己的名字，这也让大学受益匪浅。人们关心自己从捐赠中得到的认可，一旦捐赠得不到认可，他们就会减少捐赠，或者压根儿不会捐赠。

我希望我们中的大多数人，会重新考虑对获得认可的需要，但没有理由期望这种需要完全消失。因此，那些大力行善的组织，应该考虑如何向捐助者提供认可。

哲学家彼得·辛格在做演讲时，通常一开场就会让听众想象，在去上班的路上，看见一个溺水的孩子。[12] 为了救孩子，他们必须跳进水里把衣服弄湿，搞得泥泞不堪。他会问："你们有拯救孩子的义务吗？"观众很快回答他们确实有这个义务。他接着指出，有数百万的孩子生活在远离我们的地方，我们的捐款将会拯救他们的生命，我们认为捐款的代价，与把自己弄得浑身潮湿泥泞一样昂贵。然而，我们却放弃了拯救数百万孩子的机会。这是为什么呢？因为那些孩子离我们很远，我们看不见他们，也弄不清楚他们的身份。尽管他们在遥远的地方受苦受难，我们大多数人却感觉不到自己与他们之间有何联系。

辛格的演讲，有助于澄清为什么我们更愿意捐款给本社区的人，而不是生活在远方的人，即便同样的捐款可以给远方的人带来更多的好处，因为我们都希望直观地感受到，自己与行善的直接联系。这也有助于解释，为什么我们在捐款时，愿意听从那些直接向我们讲话的人的呼吁，而不考虑远方有一个更值得尊敬的组织，可以用我们的资金做更多善事。然而，当人们被要求思考自己有多重视与受赠人的关系时，他们很难证明这种偏好的合理性，很难证明自己更倾向于在能够做得最好的地方捐款。我们凭直觉寻找联系，而我们的主动智能则更关心我们能产生的实际影响。

两位心理学家的研究与此有关，尼古拉斯·埃普利和尤金·卡鲁索的研究表明，我们拥有共情他人想法和情绪的惊人能力，但除非这些人就站在我们面前，否则我们无法激活这种能力。[13] 当我们观察另一个人的脸时，我们可以直接理解其情感体验。我们能够非常准确地考虑合作伙伴的偏好。理论上，我们也有能力想象世界上最贫穷的人的生活是什么样子的，但我们通常无法激活这种想象力。

认知心理学家博阿斯·凯萨强调，即使在我们愿意考虑的情况下，也无法设身处地替他人考虑。他把这种现象称为"虚幻透明的意图"。[14] 过去，在没有全球定位系统导航时，要找到需要去的地方并非易事，凯萨描述了当年常见的情形：给朋友指路，助其顺利找到你的家。你可能还记得，那个朋友迷路了，不得不找一部付费电话（记住，在手机普及之前，人们常用这样的电话），请你详细指明方向，这种情况并不罕见。我们认为自己给出的指路方向如此清晰，可为什么聪明的朋友还是迷路了呢？答案显而易见：我们不假思索地忘记了分享细节，那些我们所依赖的熟悉细节，例如，这条路在离我们家几个街区的地方向左分岔。当我们试图告诉同事，如何执行我们自己十分了解的任务时，我们经常说不清道不明。推而广之，在指导他人时，我们并没有从他们的角度思考任务。也就是说，我们错误地认为我们的意图和知识是透明的。意图的虚幻透明，与上文讨论的知识的诅咒有重叠。

另一个倾向于自我专注的例子，便是大家都会遇到的共同的社会任务：送礼。如何从价值最大化的角度，为某人选择理想的礼物？目的是让收礼者从礼物中获得的价值，要大于送礼者为礼物所花费的成本，包括时间或金钱成本。为了达到这一目的，你可能会思考，你的知识如何帮你找到适合送礼的产品和服务，虽然收礼者可能压根儿不知道这些东西的存在，但他们一旦收到这些礼物，就会特别重视。现在，再想想你每次搬家时的经历，你都不敢相信自己怎么会拥有那么多东西，其中很多东西你完全没有兴趣把它们打包带走。这些你不想带走的东西有什么共同之处呢？我自己的经验是，它们往往是"异想天开"的，比如愚蠢的书籍、愚蠢的艺术品或其他恶作剧礼物——送礼和收礼时都很有趣，但除了在送礼的那一天，它们没有任何价值。送礼者关心的是送礼物的经历本身，而不是你能从礼物中得到的实际长期价值。推而广之，送礼者不仅应该考虑到收礼者拿到礼物的最初反应，还应考虑到收礼者能够从礼物中获得的长期体验，从而创造更大价值。

唐·摩尔是加利福尼亚大学伯克利分校教授，是《非常自信》（*Perfectly Confident*）一书的作者，他的研究，为我们的自我专注提供了进一步的证据。他发现，对于客观上比较困难的任务（对大多数人来说，包括杂耍），人们倾向于认为自己的表现比平均水平差；对于客观上比较简单的任务（对大多数人来说，包括开车），人们倾向于认为自己的表现比平均水平好。[15] 确实，很多人不擅长艰巨的任务，但很多人都擅长简单的任务。然而在评估自己的表现时，我们大多数人只关注自己在某项任务中的技能，而不会去比较我们的表现与其他人的表现，即使我们能够获得这些有关比较的信息。

类似地，大量研究表明，自我关注会导致人们在工作和其他任务中，声称自己应该获得比应得份额更多的认可。无论是富人或穷人、妇女或男子，还是任何民族，都是如此。在我与尼古拉斯·埃普利和尤金·卡鲁索的合作中，我们要求论文合著者估算他们在某篇学术论文中所做工作的百分比。平均而言，对于有四位作者的论文，他们各自估算的贡献率之和达到140%。[16] 这些人不是故意要表现得很自私，相反，他们只是太专注于自己所做的贡献，而不关心他人的付出。事实上，对于一篇有四位作者的论文，当我和尼古拉斯、尤金换一种提问方式，问论文合著者每位作者在其中做了多少贡献时，他们便会更多地考虑其他人的付出，自己的自私偏见则减少了一半。

发挥我们的主动智能

回顾上一节中所描述的四个偏见来源——对数学的无知，一厢情愿地希望从帮助他人中获得认可，对连通性的需求，以及自我关注——你会发现所有偏见都把自我放在中心：你的直觉而不是正确的数字、你与受害者之间的联系、你需要得到的认可、你的连通性，以及你关注自己的倾向。我们只有超越自我，才能为这个世界创造更多的价值。一个很好的出发点便是认真思考两种主要的决策模式——系统1和系统2。

规范性决策模型，通过规范结构来帮助我们，鼓励我们进行理性思考。例如，在《管理决策中的判断》一书中，唐·摩尔和我提出了以下6个步骤，帮助人们在多项选择中做出正确选择[17]：

- 定义问题；
- 确定相关标准；
- 衡量标准的权重；
- 生成替代方案；
- 根据每个标准对每个替代方案进行评分；
- 计算最优决策。

这个清单对大多数人来说是有意义的，但是当你问他们是否经常遵循这些步骤时，他们会说，"当然不会"。事实上，如果你在杂货店做出的每一个决定，都有条不紊地遵循这些步骤，你需要在那里待上好几个小时才行。当我们面临重要决策时，遵循这些步骤才更有意义，但即使这时，我们大多数人也很缺乏系统性。

正如我们在本书第一章中所讨论的，做出更好决策的方法如下：从系统1思维转向系统2思维。但即使在面临重要决策时，在手忙脚乱中，我们也可能依赖系统1思维。疯狂的职业生活节奏表明，即便是非常重要的领导人，也会依赖系统1的思维流程。[18]另外，类似马尔科姆·格拉德威尔的《眨眼之间》在内的畅销书，给了人们一种虚假的希望，即他们可以信任自己的直觉系统1思维。[19]事实上，我们有很多理由，来质疑自己的直觉，因为即使是最聪明的人，也会经常判断失误。

人们可以采取多种形式，实现从系统 1 到系统 2 的思维模式转变。这可能确实需要经历一个结构化的决策过程，就像上面详述的那样；这可能意味着批判性地检查自己的直觉学习方式；这可能意味着等待，直到你没有时间压力或其他压力，因为当人有压力时，直觉最容易让人误入歧途；这可能意味着请一位聪明的朋友、合作伙伴或同事，帮助你分析问题，或将决策权交给团队；这还有可能涉及使用计算器、计算机或算法，这将有利于针对问题，展开更多的逻辑分析。

在伦理学领域，乔舒亚·格林通过双加工研究，论证人们有两种不同的道德推理模式，就像他们有两种不同的决策模式一样。我们使用系统 1 推理，即我们的直觉或本能反应，对大多数道德环境做出反应。格林提供了充分的证据表明，系统 2 是更审慎的系统，将引导我们做出创造更多价值的决策。格林的工作，为如何做出更实用、更能创造价值的判断，提供了指导。为了提高效率，我们可以继续在日常决策中使用更快、更直观的系统。但是，当我们能够腾出时间时，我们就可以通过使用更审慎的系统，来做出更重要的决策，从而创造更多价值。

主动智能的支持

我们不妨扪心自问，目前是如何为自己和他人创造价值的，是否有办法创造更多价值？有趣的是，大多数人并没有充分检查或审计自己当前的道德行为。一旦你有动力让自己的系统 2 更频繁地思考，目的是变得更好，那么你就需要一些工具。以下有三个实用策略，可以帮助你做出更合乎道德的决策。

综合评价，而不是单独评价

对于道德问题，我们经常会做出很情绪化的反应。然而不幸的是，我们基于情绪的决定，往往不同于我们在更理性的心态下所做出的决定。我们在做决定时，之所以给予情绪这么重的分量，是因为我们倾向于一次只考虑一个选项。大量证据表明，当我们只评估一个选项时，无论是产品、求职者、工作机会，还是可能的假期，系统 1 对我们的决策都具有强大的影响力。相反，同时比较多个选项时，我们会调用系统 2 来处理，这样我们的决策就会更具认知性、更少偏见、更具功利性。

在此，我们不妨以权衡工作机会的任务为例。面对一群即将毕业的工商管理硕士生，我和我的同事问他们，当最后期限来临时，他们是否愿意接受某咨询公司提供的工作机会。[20] 该咨询公司告诉 A 组学生，他们将获得中等薪水，所有即将毕业的工商管理硕士生的薪水都是一样的。该公司给 B 组学生提供了更高的薪水，但同时也让他们知道，该公司给另外一些毕业生开出的薪水比给他们的更高。A 组学生的薪水比 B 组学生低，但 B 组学生却产生了强烈的情绪反应，因为他们认为公司给别人的薪资比自己高，这里存在一个道德问题。这种社会比较，对我们的判断和决定有很大影响。

当我们评估一个选项时，社会比较及其引发的情绪反应影响很大，要比同时比较两个或多个选项时大得多。当工商管理硕士生只能接受 A 工作或 B 工作时，他们认为 A 工作更具吸引力，因为他们对 B 工作有情绪化的反应，认为自己干 B 工作的待遇比其他人低。然而，当要求工商管理硕士生想象，他们同时得到了 A、B 两份工作机会，并且不得不在两者之间进行选择时，他们会选择 B 工作，而不是 A 工作。进行综合比较所需的认知能力，压倒了工商管理硕士生的情绪反应，使他们能够关注到这个事实：B 工作比 A 工作给他们开出的薪水更高。

你是否对一种工具感兴趣，这种工具可以让你雇用更好的员工，并在招聘过程中减少歧视？这种工具就是综合决策。在另一项研究中，我和经济学家艾丽丝·博内特、亚历山德拉·范·吉恩，提出了综合决策这种工具。[21] 我们确定，当人们每次只评估一名员工时，他们的系统 1 流程往往占主导地位。因此，他们倾向于依赖性别刻板印象：倾向于雇用男性来完成数学任务，雇用女性来完成口头任务。相比之下，当人们需要同时比较两个或两个以上的求职者时，他们更关注与工作相关的标准，因而做出的决定也更明智：对求职者而言更符合伦理道德，同时还提高了组织绩效。

无知的面纱

"无知的面纱"是一个非常形象的比喻，由哲学家约翰·罗尔斯率先提出来，目的是思考怎么做，才会对社会最有利。[22] 罗尔斯提出的挑战，是想象你对自己在社会中的地位一无所知。在这种无知的状态下，即在无知的面纱后面，你将处于一个更有利的位置，来决定如何构建一个更加美好的社会。罗尔斯凭直觉就能很好地理解，你的身份、财富、地位等构成了客观评估正义的认知障碍。在无知的面纱下，你可以做得更好。

在面临诸多涉及伦理问题的现实生活决策时，无知的面纱使我们无法了解自己的角色，从而有助于我们做出更明智、更符合道德的决策。让我们回到本书第一章，该章最后一个问题是：医院里有五个奄奄一息的患者，外科医生有机会杀死一个健康的人，来拯救这五个患者。想象一下，你只知道自己是这个问题中描述的六个人中的一个，但是因为有罗尔斯的无知的面纱，你不知道自己是六个人中的哪一个。我预测，你现在有可能会更加赞成通过牺牲一个人来拯救五个人。毕竟，一个健康人的死亡，会给你带来83%的生存机会，而不是17%的生存机会。这个思考过程，可能会使你的决定朝着功利主义的方向发展，即使你不再是故事中的六个关键角色之一。我和卡伦·黄、乔舒亚·格林在一系列实验研究中，都证实了这一预测。[23]

罗尔斯思考的是如何帮助我们忽视自己是谁的问题。另一个可以提高我们的道德性和客观性的策略，是故意不知道别人是谁，这样我们就不会因为别人的性别、年龄、种族、学历等问题产生偏见。20世纪60年代，在美国的主要管弦乐队中，女性音乐家的人数还不到10%。如今，这一局面有了很大改观，部分原因是乐团对面试过程做了一个简单的改变：在音乐人和评委之间增加了一个屏风。在过去，评委可以看着音乐人面试。现在，音乐人在屏风后表演已经成为一种常态，这迫使评委评估他们所听到的音乐，而不会因为他们所看到的场景而分散注意力，也不会因为自己对职业音乐人的成见而产生偏见。[24] 类似地，在第一轮的求职简历筛选中，科技公司越来越多地删除求职者的姓名和照片，目的是让面试官不要看见求职者，以便帮助他们做出更加符合道德和客观利益的决定。

更实际地说，我鼓励你尝试将自己的身份从决策过程中剔除。例如，贵公司新发布的职位吸引了许多求职者，你在评估这些求职申请时，试着忽略你的权力、宗教信仰、学历，以及其他特征。或者，在思考什么样的税收制度才更公平时，想象一下在你的国家里，你随机出生在一个财富水平不确定的家庭中。在不知道你自己的财务状况如何的情况下，什么样的税收结构才是公平的？通过蒙上无知的面纱，我们减少了自私的偏见，提高了决策的道德性。

预先承诺

在做出带有道德成分的决策时，不可能总是蒙上无知的面纱，也不可能总是同时比较多个人选。另一个有用的策略，可能是在你做出具体决定之前，预先承诺你想要达到的目标。假设你想雇用一个人，来做一份需要一定量化分析能力的工作。由于情况的限制，你需要搜索，直到你找到一个合适的候选人，然后尝试雇用此人；也就是说，你需要一次只考虑一个候选人。你如何才能做出一个不带有性别歧视的决定，从而为你的组织雇用最好的候选人呢？

在与琳达·张、米纳·契卡拉和艾丽丝·博内特的合作中，我发现，在考虑某个特定候选人之前，如果决策者首先明确了寻找新员工的标准，则他们较少做出带有性别歧视的决定，并且倾向于雇用一名素质更高的员工。[25] 当我们提前思考招聘标准时，我们会利用系统2的思考方式，来决定什么才是好的选择。相反，当我们没有这种预先承诺，而是直接考虑某个特定候选人时，我们的系统1思考方式很可能会占据上风，从而带来诸多偏见，降低我们的决策质量和道德性。

综合评价、无知的面纱，以及预先承诺，都会帮助我们从系统1思维转向系统2思维，从而做出更好、更道德的决策。推而广之，我们可以更积极地发挥自己的才智和能力，做出更好、更道德的决定。在下一章中，我们将面对一个关键的认知障碍，当我们做出涉及其他人的决策时，常会遇到这种障碍——我们倾向于认为馅饼的大小是固定的。可能很多人有这样的认识：对自己最好的东西与做正确的事情，是两码事，是不可兼得的鱼与熊掌。我们只有超越这种迷思，才能开辟一条通往道德有效边界的道路，在那里鱼与熊掌可以兼得。

第三章
做出明智取舍

　　以下选项中，什么更重要：你的薪水，还是你的工作类型？葡萄酒的质量，还是食物的味道？待售房屋的位置，还是面积？日复一日地存钱，还是享受生活？

　　令人不解的是，我的经验证明，大多数人会欣然为上述比较做出回答，尽管他们并不知道为了获得更多的工作乐趣，必须牺牲多少薪水，又或者他们也并不清楚，小房子的位置要比大房子的位置好很多。决策分析师告诉我们，欲回答上述问题，我们不应该仅仅根据哪个属性貌似对我们最重要来判断。相反，我们需要知道，必须放弃哪些属性，才能获得另外一些属性。

　　竞选公职的政客们通常会承诺，尽一切努力确保"你的税收会降低""你可以任意选择医生""政府将保护自然环境""我们将拥有最强大的武装力量""国债规模不会扩大"等。选民喜欢听这些简单化的承诺——至少，他们喜欢那些与他们的政治态度一致的承诺。但明智的领导人会意识到，这中间需要取舍：如果你增加军队，增加社会服务支出，减少税收，那么国家债务肯定会增加。通常，为履行承诺而做出的取舍是没有意义的。在众多的取舍中，虽然我们在某个维度上的收益微乎其微，但在其他维度上却付出了巨大的代价。我们还忽视了许多行业，这些行业能够创造价值，并获得广泛的支持，例如，如何让公民投票变得更容易。

为了选择合适的工作、房子或假期，或者做出一个伟大的公共政策决定，我们需要在各个方面做出明智的取舍。当你做出明智的取舍时，你就是在进行交易并创造价值。有些决定很容易，因为如何取舍是显而易见的。例如，有两份工作，一份是你认为既有挑战性又有乐趣的工作，另一份听起来很无聊，但年薪会高出1000美元，如果你需要在这两份工作之间做出选择，那么选择那份更有趣的工作可能很容易。假如将一个标准与另一个标准对立起来，而且这些选项在总体价值上感觉相似，这才是更加艰难的决策。例如，如果这两份工作中不太有趣的那份，每年收入多出两万美元，而你仍然背负着一大堆大学债务，那么这个决定可能会变得更加困难，因为在不同的标准方面，这两份工作各有可取之处。很多时候，人们仅仅依靠直觉来做决定，结果导致了情感标准的权重过高。因此，更有条理地比较选择，可能才是更有用的。你可以通过创建表格来进行比较，顶部列出两个选项，然后在左侧列出标准，并评估每个标准对自己的重要性，以及每个选项在每个标准方面的表现。这种做法听起来有点儿正式，但是让你的系统2思维来审视评估你的系统1直觉，通常可以帮助你做出更明智的取舍。

在做重要决定时，尤其是那些影响超出我们自身的决定时，我们可以通过在一系列标准方面做出明智的交易来创造更多的价值。以"慈善领航员"（Charity Navigator）为例，这是一个在线平台，能提供关于非营利性组织的有用信息，例如，这些组织的管理费用在捐赠资金中的占比。该平台积极支持慈善机构保持低开销，我认同低管理费用是非营利性组织应该追求的好目标。但是，就像有效利他主义运动中的那些人一样，我认为慈善机构的其他特征也很重要，包括机构效率、每一美元所发挥的作用，以及机构领导者的正直和慷慨。例如，一个慈善机构可能有很高的管理费用，因为把钱花在了研究和有竞争力的薪水上，以吸引并留住最好的员工，这种做法和许多成功企业的做法一样。如果这些员工能够创建一个更有效的组织，那么更高的开销可能是值得的。虽然该指标的使用非常方便，但对管理费用的过度关注，可能会妨碍组织对其他重要标准做出明智的取舍，例如，有效性或所创造的净价值。

在上一章中，我们概述了以下证据：当我们每次只评估一个选项时，指导我们做出决策的是直觉系统，因而往往会做出糟糕的决策，所创造的价值也更少，但是我们在比较两个或多个选项时，却很少犯这样的错误。卢修斯·卡维奥拉和他的同事们，利用这项研究表明，当我们每次只评估一个慈善机构时，我们会更加关注管理费用，而在比较不同的慈善机构时，我们会更加关注整体效益，并做出更明智的捐赠决定。[1] 在本书第九章中，我将会更详细地探讨慈善领域的问题。

谈判中的价值创造与价值索取

我们能做的最简单的取舍，仅限于我们自己的决定——住哪里，做什么工作等。当其他人对我们的决定有发言权时，我们通常需要通过谈判来解决问题。在谈判中，取舍的可能性是普遍存在的：我们面临正在谈判的多个问题之间的取舍，与我们的对手竞争或合作之间的取舍，以及在做出有利于自身群体或有利于整个社会的决策之间的取舍。鉴于不同的问题对各方具有不同的重要性，我们可以通过取舍来创造价值。在谈判理论和博弈论中，这些问题得到了很好的条分缕析。然而，分析的重点是：什么对单个决策者来说是最好的。如果你也关心他人和整个社会，你的决定应该倾向于创造价值、合作，并考虑更广泛的群体。

假设这是某个星期五的晚上，你和你的另一半已经说好了要出去，但还没有商定具体的计划。与大多数夫妇一样，你俩说到晚餐的选择时，你的另一半更喜欢 A 餐厅，而你更喜欢 C 餐厅。因为你俩都是通情达理之人，所以你们决定妥协去 B 餐厅。晚餐时，你们说好餐后去看电影，你的另一半提议看电影 D，而你提议看电影 F。同样，作为通情达理之人，你俩决定妥协，去看电影 E。这种 B-E 组合，会让你们度过一个美好的夜晚。但在回家的路上，你们才意识到，其实你的另一半更关心餐厅的选择，而电影的选择对你来说更重要。因此，你俩更中意 A-F 组合。B-E 组合未能创造 A-F 组合可以带来的价值。

讲这个古怪的、不重要的例子，是为了突出一种思考谈判的方式——一种专注于价值创造的方式。几乎在任何谈判课程中，都会传授一个非常简单的原则：可以通过取舍来创造价值。这意味着任何时候，在谈判中都有两个或两个以上的问题，例如，晚餐与电影，或价格与融资条款及交付时间，了解各种问题对所有相关方的重要性是至关重要的，这样你就可以寻求取舍。请注意，即使你不能接受本书的功利主义倾向，你也希望在具体的谈判中，寻求明智的取舍，这样你就可以创造一个更大的蛋糕,来与谈判对手分享。

下图显示了在谈判中寻找取舍的重要性。根据我多年的谈判教学以及咨询企业主管的经验,我可以告诉你们,双方达成类似协议A的交易是很常见的:双方达成协议,都从协议中获得了价值,但还有许多其他协议,可以为双方提供更多价值。请注意,从双方的角度来看,协议D、E和F都比协议A更好,但你更喜欢D,而对方更喜欢F。在寻求价值时,你和对方之间的这种紧张关系,往往会妨碍你们明智地寻找价值,而只能让双方达成可怜的协议A。

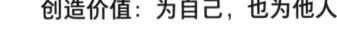

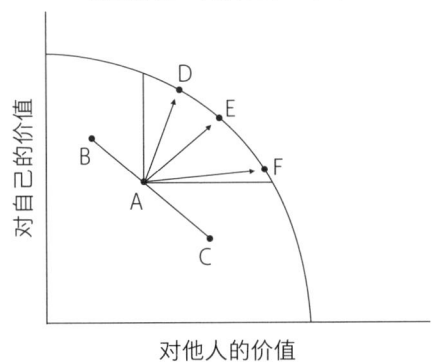

对他人的价值

在我教授谈判课程时,有许多学生选修我的课程,他们都自认为是伟大的谈判高手。他们想表达的意思是,他们很擅长讨价还价,却不知道因自己过于强硬,而搞砸了多少交易。这些自诩为"伟大的谈判高手"的人,大多很少考虑创造价值。他们经常遭受的痛苦,是在迷思里作茧自缚,他们以为谈判这块蛋糕的大小是一成不变的。也就是说,他们错误地假设,要与人分享的蛋糕的大小是固定的。

确实,现在许多竞赛都是要论输赢的,包括体育竞赛、私立学校招生选拔、企业争夺市场份额等,但在大多数谈判中,我们完全有可能做大蛋糕的规模。我们可以通过在各种问题之间进行取舍来创造价值，从而做大蛋糕，这样双方都能得到各自最想要的东西。我们鼓励谈判专业的学生尽可能多地创造价值，用专业术语说，就是沿着帕累托有效边界（Pareto-efficient frontier）进行谈判。帕累托有效边界，是指在没有其他协议可以让双方更满意的前提下，所存在的最优协议。谈判者大都很担心，如果自己分享创造价值所需的信息，另一方可能会因此获得更多价值，他们自然不想成为这样的傻瓜。我和迪帕克·马尔霍特拉合著了《哈佛经典谈判术》（Negotiation Genius）一书，该书探讨了如何在创造价值的同时，降低失去价值的风险。[2]

认为谈判蛋糕大小是固定的，这是一种典型的错误，让我们看看下面这幅图，这是上一幅图的变体。想想你现在的生存状态，你在为自己创造价值，同时也在为世界上其他人创造价值。在下面的描述中，我们把你目前的生存状态设为"A"。

创造价值：为自己，也为全世界

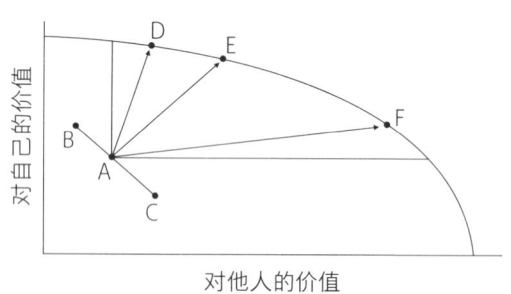

如果你变得不那么慷慨，你会从 A 点走向 B 点。如果你变得更慷慨，你会从 A 点走向 C 点。但是，如果你走向 D 点、E 点或 F 点，你的成本更低，而能产生的影响却更大。在那三个点，你可以为自己创造更大价值，同时也为社会创造更大价值。本章重点论述你如何才能做更多的善事，这不仅考验你的慷慨程度，还考验你的效率高低，看你能否往坐标的东北方向移动，也就意味着考查你是如何做出决策、如何谈判、如何寻找机会、如何做出能够创造价值的取舍的。

最后，请注意，图中的横轴比纵轴长，即 A-F 线比 A-D 线长。这显然表明，在同样的资源条件下，你能为他人做的好事，远远大于你能为自己做的好事。正如功利主义所强调的那样，一笔固定数额的钱，对穷人的用处远远大于对本书读者的用处，因为本书读者应该都是相当富裕的人。就我们的目的而言，从功利主义的角度来看，如果你担心协议 A 会朝着协议 C 的方向发展，这种担心其实会妨碍你朝着协议 E 的方向发展。我们不得不说，这真是太遗憾了。

虽然一时一地你可能会损失一些价值，但更多地关注价值创造，最终一定会大有裨益。专注于价值创造，有时会让你付出一些代价，失去一些东西，但你为他人创造的价值，能大大地补偿你自己的损失。在这个过程中，你正在通过这种策略，使世界变得更加美好。

论自由贸易

2018 年夏天，哈佛大学法学院的谈判项目组问我："你最近在谈判中看到的最大错误是什么？"[3] 答案显而易见：

> 我最近看到的最大错误是……美国政府与中国政府就贸易问题所进行的谈判。在全球经济一体化进程中，直面经济竞争对手

的关键是获取杠杆优势，即确保其他贸易伙伴都站在自己这边。在这个案例中，美国政府在谈判前已经和多个国家搞坏了关系，从而失去了盟友的支持。在当前的全球经济环境中，过于简单化和天真激进的谈判方式是无法解决任何问题的。

2018—2020年，美国贸易政策显然认为，蛋糕的大小是固定的，该政策基于这样一种假设：一方获益，另一方则必然受损。到2016年，美国正在从2008年的衰退中顺利复苏，并正在重建其经济实力。这次复苏包含一系列国际自由贸易协定，自由贸易以多种方式创造价值，通过更大的竞争来提高效率。[4] 自由贸易使得一个国家能够专门从事其最擅长的生产，并与那些在该领域缺乏比较优势的国家进行贸易，那些国家擅长生产其他商品。由于有自由贸易的竞争，消费者才能获得种类繁多的商品，并且享受更低的价格。通过引入来自国外的竞争，自由贸易打破了国内的垄断。自由贸易还能促进知识产权的转让，甚至可以降低爆发战争的可能性，因为各国很少攻击自己的重要贸易伙伴。总的来说，自由贸易能够为所有缔结贸易协定的国家创造净价值。然而，对特定的国家而言，可能会有输家——在特定的地区，如果一个国家能够提供更好或更便宜的产品，其他国家的相关行业和工会就会沦为输家。

美国对其在2018年之前与中国的贸易关系感到不满，其中的原因有很多。外国公司有时需要与中国公司建立本地合资企业，才能顺利进入中国市场。外国公司的知识产权，还必须接受相关"检查"，许多美国官员认为，这是窃取知识产权的一种便捷方式。许多其他国家也有同样的担忧，但缺乏采取行动的能力。

2016年之前的贸易制度，可能为美国和中国都创造了净价值，但现在的情况是，现有的协议更接近上图中的F点，美国应尽快推动重新谈判，以达到E点甚至D点。然而，美国错误地以为蛋糕的大小是固定的，从而导致谈判偏离帕累托有效边界，回到A点，甚至更糟糕。具体而言，为了让中国单方面做出让步，美国对来自中国的产品征收关税。可以看到，中国并没有做出让步，而是会采取反制措施，向美国的对华出口产品征收关税。

如果你想发动一场贸易战，明智的做法是好好想想，交战对手会采取何种措施来反击。可以预见，如果中国失去部分美国市场，中国将增进与其他贸易伙伴的关系，以取代美国的需求。因此，任何明智的谈判者，都会看到与我们的盟友协调贸易战略的必要性。不幸的是，在与中国打贸易战时，美国同时也在与大多数其他主要贸易伙伴对抗。因此，这些贸易伙伴只能把重点放在加强与中国的关系上，使得美国丧失了原本可以从统一战线中获取的利益。在这场贸易战中，中国所遭受的痛苦远低于美国，而美国也丧失了通过自由贸易所创造的价值。

管理合作与竞争之间的权衡

贸易战的例子，突出了在权衡取舍以及为全球谋福利方面需要解决的另一个难题：合作与竞争之间的紧张关系。让我们切换到一些你可能面临的常见选择。你应该帮助同事在工作中取得成功呢，还是与他们竞争，这样下一次你就更有可能获得晋升？在吹嘘自己的成功或为自己争取荣誉时，你是否应该强调从他人那里得到的帮助呢？这两个有关权衡的例子，是我们在合作和竞争方面会面临的两个很常见的问题。

事实上，这种权衡是有史以来最著名的博弈论问题的核心。在下面这个游戏中，你和你的"同事"双双被捕了。警方有足够的证据，证明你们犯了较轻的罪行，并判你俩入狱一年。然而，警方怀疑你俩犯了更严重的罪行，警方的怀疑是正确的。你（囚犯 A）和你的同事（囚犯 B）被分开关在不同的房间里。警方向你们提供了一个选项：

> 如果你如实招来，而你的同事却不说出实情，你可以告发你的同事，向警方提供他们所需要的证据，以便给你的同事定罪。你的同事会被判三年监禁，而你却会获得自由。[5]

不幸的是，警方也给了你的同事同样的选项（具体请见下图）。他们还进一步说明，如果你俩都坦白了，你们每人将都会被判两年监禁。你和你的同事面临同样的问题：对你们两人而言，如果两人都不坦白，每人只会被判刑一年，这要比两人都坦白好，因为两人都坦白后，每人都会被判刑两年。对个体而言，不管对方做何选择，每个人都选择坦白，对自己更有利。也就是说，在你选择坦白的前提下，如果你的同事也坦白了，会让你入狱两年而不是一年；如果你的同事不坦白，则会让你获得自由而不是入狱一年。因此，尽管你们在一起合作，会对双方更好，但你们每个人都有背叛或竞争的动机。[6]

	囚徒 B 保持沉默（合作）	囚徒 B 叛变（背叛）
囚徒 A 保持沉默（合作）	每人判刑一年	囚徒 A：判刑三年 囚徒 B：获得自由
囚徒 A 叛变（背叛）	囚徒 A：获得自由 囚徒 B：判刑三年	每人判刑两年

这种"囚徒困境"的游戏之所以出名，是因为它抓住了竞争与合作之间权衡的本质。该游戏已成为一个原型，用于确定当你不清楚其他人会做什么时，哪些因素会影响合作的决定，并确定如何在合作和竞争之间展开权衡。专门研究囚徒困境的学术论文就有好几千篇，在科研过程中，该问题被抽象为以下问题（你可将单位视为货币，例如美元，这是很有用的）：

	合作	背叛
合作	A：3 B：3	A：0 B：5
背叛	A：5 B：0	A：1 B：1

在许多这类论文中，不同的参与者与同一个"同事"反复玩这个游戏，并找出这个同事在之前的每一次试验中，是采取竞争还是合作

的策略。如果你们只玩一轮游戏，你们会合作还是背叛（竞争）？如果你们需要进行很多回合，你们的策略会有什么不同？阿纳托尔·拉帕波特是一位心理学家，他提出了一种被称为"以牙还牙"的策略，可以在反复进行囚徒困境游戏时使用。该策略对玩家的要求是：在第一轮中与对手合作，然后在随后所有回合中的策略，取决于对手在上一轮中所采取的行动，即你的同事在第一轮中的行动决定了你在第二轮中的行动，你的同事在第二轮中的行动决定了你在第三轮中的行动，以此类推，多达200余轮。

罗伯特·阿克塞尔罗德是一位政治学家，他进行了一项引人入胜的研究，以找出在多轮囚徒困境游戏中，什么策略才是最有效的。阿克塞尔罗德邀请囚徒困境游戏专家，即学术圈的社会科学家，提交他们的最佳策略，以确定哪种策略最有效，而不是让大学生作为参与者（当时互联网还没有出现，大多数研究都是请大学生作为参与者）。他提前告诉所有的参与者，每种策略都将在200个回合的游戏中进行测试。每种策略都会在整个比赛中累计分数，并据此进行排名。这次共有14名参赛者，拉帕波特的以牙还牙策略获胜。阿克塞尔罗德在论文中公布了比赛结果，在文章的最后，他欢迎大家积极参与第二届比赛。这一次，以牙还牙策略又大获全胜，这次比赛共有69名选手参赛。在那之后，又举行了很多次其他类似的囚徒困境比赛，胜出的还是以牙还牙策略，或者是与该策略稍有不同的其他变体策略。

其实该策略的关键并不在以牙还牙。相反，在现实生活中，为了管理人际关系并创造更多价值，阿克塞尔罗德指出，有效的策略应该是善意的、简单的、反应迅速的、宽容的，而以牙还牙策略刚好具备这四个特征。

第一，好的策略应当从建立积极的关系开始。在多轮次的游戏中，善意策略在第一轮中选择合作，并且只要对方也合作，善意策略就会继续合作下去。在现实生活中，善意策略会倾向于看见他人善意的一面，并愿意承担小风险，因为总有不那么友善的人会利用别人的善意。

第二，简单的策略，使大家更容易理解如何合作，而竞争性策略往往更复杂。当然，和善也会导致上当受骗。如果你合作，而你的同事不合作，你可能会得到最坏的结果，但你只会在一轮比赛中受骗。在囚徒困境比赛中，专家们提交了不少策略，这些策略竭尽全力，希望获得比"善意"策略更好的结果，但却只能获得短期收益，从长期来看并没有优势。

第三，以牙还牙策略之所以能够大获成功，关键是因为它反应迅速：该策略向对方传达的信息是，如果选择竞争而非合作，只能获得短期利益。

第四，以牙还牙意味着宽容、不记仇。当另一方表现出新的合作行为时，以牙还牙策略可以重新构建一种崭新关系：非常高效，并且能够创造价值。过度惩罚可能会导致冲突升级。在特定游戏中，某一方采取以牙还牙策略，不可能比直接竞争对手得分更高，顶多只能与竞争对手打个平手，因为只要对手不采取竞争行为，该方是不会主动采取竞争行为的。然而，通过不断发展互利关系，该策略最终能够赢得比赛。虽然本书提倡不仅要为自己创造价值，也要为他人创造价值，但与总是采取合作行为的所谓善良策略相比，我认为以牙还牙策略要更加实用，因为它有助于推动对方变得更加合作，从而有助于创造更多的共同价值。

我的工作领域在学术界，这是一个非常神奇的行业。该行业的专业人士通常声称，他们肩负的社会使命，是创造新知识和培养下一代领导人。在许多方面，哈佛大学都在与其他优秀大学竞争，如斯坦福大学、西北大学、牛津大学。我们积极竞争，力争吸引到优秀的本科生和工商管理硕士生。我们也在销售高管培训课程方面展开竞争，目的是尽可能地提高本校的排名。我发现学术界有一个十分令人着迷的地方：在许多方面，这些相互竞争的高校都有非常深入的合作。我们总是第一时间与有竞争关系的大学，分享我们的研究成果，同时也在第一时间与它们分享我们的教学见解。最令人称奇的合作体现在博士生的培养方面，一所大学往往要花费几十万美元，才能培养和指导一名博士生，让其顺利获得博士学位。该生毕业后肯定要到另一所高校去工作，而不会留在本校工作，这另一所高校往往是本校的主要竞争对手。从其他行业的角度来看，这种合作而非竞争的关系，是非常神奇的。然而，正是这种做法，才使得学术界作为一个整体，能够更加高效地发现好的想法，并提高大学的教育质量。在这个过程中，大学才能够创造更多的社会价值。我一直为不同高校之间的合作感到自豪。

我们都经历着合作与竞争之间的紧张关系，这种紧张关系涉及真正的取舍。我们不喜欢被别人占便宜，也不喜欢被合作者欺骗。但从长远来看，毫无疑问，为了能够建立更多的长期有益的关系，偶尔遭受一次性的小损失是值得的。我们所犯的主要错误，是被当前处境中一时的得失蒙蔽了心智。该错误导致我们丧失了洞察力，而从长远的角度来看，在人生的每一步都寻求合作，才是更有效率的生活。即便在我们考虑为他人创造价值之前，这个说法也是成立的。当我们考虑并重视他人的成果时，加强合作的需要就变得势不可当。

整体最大化，还是局部最大化？

说到大家对非营利性组织的批评，一个常见的原因是：通常有太多的机构在处理同一个问题。也就是说，有五个非营利性组织正在做的工作，其实完全可以由一个综合性组织更加有效地完成；因此，这些机构错过了降低综合间接成本的机会，节省下来的资金原本可以用来做更多的好事。当我们在本书第七章讨论浪费专题时，我们将回到这个问题。我认为，非营利性组织在这方面应该更好地优化组织效率，为社会事业创造尽可能多的价值，这才是更加具有整体性的关注焦点，同时也是长期受到忽视的问题。明智地对非营利性组织进行重组，可以带来很大好处。

关键是要看到，专注于对组织最有利的事情，可能与为组织的现实目的创造最大利益不一致。但是，通过合并来减少管理费用，将意味着一些组织领导者会失去工作，或不再担任组织的高层领导职务。此外，在某些不太重要的问题上，每个组织都想坚持自己的看法，然而在合并后的组织中，这些看法可能不会都受到重视。因此，这样的改革，虽然对非营利性组织的受助者可能更好，但特定非营利性组织及其成员的具体需求，可能会受到负面影响。那么，在现有组织的需求以及社会服务接受者的需求之间，我们应该做出怎样的权衡取舍呢？我希望答案是显而易见的。在非营利性组织中，我们应该尽可能利用现有资源，创造出最好的产品。这意味着非营利性组织的领导者，应该愿意牺牲声望和自由，来创建更有效的组织，以便为实现其社会目标服务。然而事实上，我们常常无法做出这样的取舍。

关于合作的范畴问题，远远不限于上面提到的非营利性组织。我最喜欢的教学工具之一，是一个名为"卡特赛车"的决策模型，该模型由杰克·布里坦和西蒙·西特金提出。[7] 在该决策模型中，参与者将扮演高水平赛车队老板的角色。车队面临的挑战是：是否参加某场赛车比赛？如何才能在比赛中赢得重大胜利，也就是获得前五名的好成绩，从而成功获得额外资金支持？在面临何种失败时，才不得不关闭该公司？天气预报显示，比赛时气温会非常低，如何安抚赛车手的担忧？[8]

当我教授这个决策模型时，企业主管们首先需要做出个人决定，即是否参加比赛。然后，我让他们七人一组再做集体决定。当他们回到课堂时，我问他们在走向小组会议时，自己的目标是什么，他们是否有如下想法：

1. 虚心听取其他六名成员的意见，尽可能做出最佳决策；
2. 至少争取让三名成员认同自己的意见，这样他们就可以在投票中获得多数优势，从而让少数服从多数。

大多数高管承认追求后一个目标，尽管他们已经认识到，前一个目标才是做出明智决策和达成更有效结果的最佳方式。

高效率领导者的任务之一，是将组织内部所有单位的注意力，都集中在实现共同目标上，而不是赢得内部权力竞争。关注组织的整体发展，必然会带来更高的效率，帮助组织实现更高的目标，即到达帕累托有效边界，最终创造更大的价值。因此，在特定情况下，虽然你还不太清楚，寻求对集体最佳的解决方案是否最适合你自己，但寻找最佳总体策略，是生活中的好目标，也是实现社会福利最大化的好方法。

我们经常面临的挑战，来自以下选择：是专注于较小的单位，如我们的家庭、社区、城市、教堂或部门，还是专注于较大的单位，如组织，而不仅仅是自己的部门。如果我们的目标仅仅是创造尽可能多的好东西，那么我们关注的范围往往就太小了。从功利主义的角度来看，道德决策的核心问题是：什么对我们最为有利，而不是什么对我们的小团体最为有利。这个小团体往往碰巧是一个与我们自己关系密切的团体。

当你总是不能在储蓄和消费之间做出明智的权衡取舍时，可能会有很糟糕的后果。当你狭隘地专注于为自己邀功、在竞争中击败对手、确保自己的联盟能够获胜时，在短期内你可能会为自己带来好处，也可能不会带来好处，但长期而言，你的声誉很有可能会受损。如果不能进行合作，不能进行更具有全局性的思考，将限制你为自己和全世界创造价值的能力。像高效的谈判者那样，我们中那些想要实现最大可持续利益的人，需要善用力量，做出明智的选择。

第四章
发挥我们诚实的天性

我通常相信市场和竞争的力量,虽然它们并不完美,但却非常善于在社会中创造价值。我也感谢制药公司推出的创新药物,让我们可以活得更久更健康。事实上,能够为其中许多公司提供咨询和教学服务,我倍感自豪。但我并不喜欢制药公司的腐败行为,这些行为限制了市场的有效性,窃取了客户的价值,破坏了整个社会的价值。然而我们却经常容忍这种特殊类型的腐败。

在美国,医疗费用不断上涨,远远超过其他任何国家的医疗费用,这已然成为一个非常紧迫的社会问题。处方药在这些成本中的占比很大,2017年约占10%。[1]当制药公司垄断某一特定药物时,通常会出现极高的药品价格。仿制药通过打破这种垄断,可以大大降低医疗成本。但是,某些品牌制药公司总能通过腐败行为,成功地将仿制药拒之门外。

为了鼓励创新,政府允许制药公司申请专利,即允许这些公司临时垄断价格,以便收回开发药品的前期投资,目的是鼓励制药公司积极创新,并分享创新成果。药品专利到期后,仿制药才可以进入市场,这时药品价格通常会暴跌——跌幅高达80%~90%。一方面,政府可以通过采取延长专利期限、限制将相关产品推向市场等措施，鼓励制药公司研发新药；另一方面，政府应该允许仿制药公司将低价药品推向市场，增加社会弱势群体获得药品的机会。在权衡上述两方面考虑时，政府需要取得微妙的平衡。制药公司为了干预这一循环，并保持垄断利润，有时会间接向生产仿制药的竞争对手支付费用，以避免其进入市场。虽然直接支付费用是非法的，但大品牌制药公司可以通过别的手段来实现这一目标，例如，通过为"附带交易"支付高额费用等。

美国联邦贸易委员会负责打击非法限制贸易的行为。2001年，该委员会对品牌药品生产商先灵葆雅和仿制药生产商厄普舍-史密斯（Upsher-Smith）提起诉讼，理由是先灵葆雅通过付费方式，阻止仿制药进入市场，这是美国历史上第一个有记载的类似案例。[2] 厄普舍-史密斯公司即将推出 K-Dur 的仿制药，K-Dur 是先灵葆雅公司生产的氯化钾补充剂，用于改善血液中的低钾状况，是先灵葆雅公司垄断的药物。厄普舍-史密斯公司称，可以在不违反先灵葆雅公司专利的情况下，将其产品推向市场。但先灵葆雅公司仍然以侵犯专利为由，起诉厄普舍-史密斯公司，并试图将其排除在市场竞争之外。然而，这两家公司最终并没有在法庭上解决纠纷，而是进行了谈判，并达成一项协议：厄普舍-史密斯公司同意，等先灵葆雅公司的药品专利快到期时，再出售 K-Dur 的仿制药，并在同一份法律协议中，接受先灵葆雅公司支付的 6000 万美元专利费，该笔费用是支付给与争议药品无关的五项其他专利的。联邦贸易委员会起诉了这两家公司，称这 6000 万美元实际上并不是用于五项无关的专利，而是主要用于将厄普舍-史密斯公司排除在 K-Dur 市场之外，并允许先灵葆雅公司继续保持其垄断价格。

针对联邦贸易委员会的指控，各大制药公司的律师基本都认为，在各种问题上进行权衡，能够创造更大价值，因此对社会更有益。该观点得到了一位公认的争议解决专家的支持，他强调价值创造是谈判相关研究文献的主要贡献之一。这一论点直接源于我在本书第三章中提出的逻辑：正如第三章那幅关于谈判的图所示，通过增加谈判中可以权衡的问题，来做大蛋糕，从而帮助谈判双方尽量往坐标的东北方向移动，以便为谈判双方创造更大的价值。但是，正如我和詹姆斯·吉莱斯皮所指出的那样，如果创造的价值仅由两家相互勾结的公司分享，以牺牲消费者的利益为代价，那么所谓创造价值的交易通常对社会不利，最终会导致消费者付出更高的代价。[3] 如果这两家公司所创造的价值，来自需要药物却不能参与谈判的患者，则只能说这种价值就是寄生价值。

我是先灵葆雅公司和厄普舍-史密斯公司一案的专家证人，我认为，如果允许这些公司沆瀣一气，将专利和解与附带交易挂钩，无疑是开启了一个恶劣先例，会使具有垄断地位的品牌制药公司争相效仿，向竞争对手支付费用，从而避免其进入市场。一旦这种虚假支付合法化，制药公司将有望绕开法律，无视其行为对消费者的不利影响，并在更大的范围内，给社会带来有害影响。

该案由行政法官负责审理，法官裁定联邦贸易委员会败诉，因为联邦贸易委员会不能拿出证据，证明仿制药推迟进入市场，与6000万美元的付款有直接关系。联邦贸易委员会各委员克服了党派分歧，以5比0的一致决定，推翻了行政法官的裁决，理由是这两家有竞争关系的公司，不可能分别达成这两项协议。然而，制药公司在上诉中再次获胜：最高法院拒绝进一步审理联邦贸易委员会的上诉。我认为，行政法官的判决，为未来竞争对手之间的寄生性整合，提供了恶劣的先例。在此后的 20 年间，许多制药公司援引行政法官和上诉法院提供的先例，扩大了对药品的垄断，其手段往往更隐蔽、更复杂。

这个手段其实非常简单：起诉任何威胁到你垄断地位的竞争对手，然后达成和解，推迟仿制药进入市场的时间，并向潜在的新进入这一药品领域的企业支付高额费用，理由是达成了一项与仿制药无关的附带交易。联邦贸易委员会还起诉了另一个案子，也涉嫌达成此类交易：2015 年，品牌制药公司赛法隆（Cephalon）同意支付 12 亿美元的和解金。该案比先灵葆雅案复杂得多，赛法隆公司从未承认有违法行为，然而却愿意支付 12 亿美元，而不是 120 万美元，这显示联邦贸易委员会有确凿的证据表明，该品牌制造商正在向一家仿制药制造商付款，以推迟其进入市场的时间。否则，如何解释金额如此巨大的和解金呢？[4]

我和萨娜·拉菲克都认为，当两家制药公司卷入专利诉讼时，应该禁止它们从事任何商业交易，无论是有关联的，还是无关联的商业交易。[5] 这些附带交易，很可能是为了推迟竞争产品的上市，而进行的变相支付。因此，在诉讼期间，严禁两家有诉讼关系的公司进行任何形式的商业交易，将有利于限制品牌制药公司的变相交易能力，以防止其通过所谓的无关协议，向仿制药公司支付巨额资金。

在撰写本书时，还没有出台相关规定，制药公司依然可以从消费者那里窃取价值，这种寄生性创造价值的模式仍在继续。这些交易非常复杂，但不会引起消费者的关注，消费者只会一味抱怨药品价格太高。司法部门在审理类似案件时，没有统一的行事模式，而是将每个案件视为独特的个案，并忽略了以下事实：附带交易的付款，总是从市场垄断方流向仿制药公司。与此同时，制药公司还利用其巨额利润，游说国会并进行竞选捐款，以阻止立法改革打击其腐败行为。

顺便说一句，有些人可能会担心，我在公开反对腐败的同时，还以专家证人的身份获得了联邦贸易委员会的报酬。我是真的相信自己的观点呢？还是仅仅在说需要说的话，来赚取可观的费用？这里面确实存在利益冲突，我自己也很担忧。为了解决这个问题，我已经将这项工作的所有费用，全部捐赠给了慈善机构，我的证词中有关于这一承诺的详细说明。这一承诺，让我能够创造价值：一方面，打击腐败；另一方面，又将收益贡献给高效的慈善事业。

我们不应该简单地抱怨药品的成本太高，或者无奈地说"事情就是这样的"，而应该认识到其中涉及腐败问题，我们的组织、城市、州或国家，正在发生这样的腐败问题。我们必须认识到，腐败不仅是一种不良行为，该行为还会让我们远离北极星，即指引我们创造更大价值的那颗北极星。我们如何才能做到呢？可以通过以下三方面来做到：积极投票，参与政治行动，培养与腐败做斗争的意愿。

腐败会损害道德权威

乔希·坎贝尔曾经是美国联邦调查局负责监督工作的特别探员，他在美国有线电视新闻网上描述了"国家品牌的力量"：

> 美国是一个致力于自由和正义的国家，美国的国家声誉，要比所有有幸自称为美国官员的人重要得多。我曾代表联邦调查

局，在 20 多个国家执行外交和行动任务，我近距离地看到了美国这个品牌的力量。每当我发言时，人们都会认真倾听。不是因为我是一个天赋过人的演说家，而是因为我是代表美国政府在发言，美国政府是一个不完美，但却经常被模仿的机构，该机构由许多部门构成，全世界都知道该机构代表着正义、公平和真理……美国驻南亚某国大使曾对我说，我们之所以在全球每个角落都能高效完成使命，是因为我们的治国方式和对法治的承诺，在国内产生了道德权威。[6]

道德权威能够创造信任，带来深入的合作、明智的跨国贸易，从而为美国和世界创造价值。在很大程度上，正是由于有了这种道德权威，美国政府才有能力创造巨大价值。

相比之下，政府内部的腐败，特别是最高级别的腐败，不仅仅是将金钱从无辜者兜里转移到腐败者兜里，还会破坏价值，削弱社会结构。2011 年，时任联邦调查局局长罗伯特·穆勒，反思了社会为腐败所付出的高昂代价：

> 你可能会花更多的钱，才能买到一加仑汽油。你可能会花更多的钱，才能从海外买回一辆豪华汽车。你在医疗保健、抵押贷款、衣服和食物方面的开支可能会更大。然而，我们所关心的，不仅仅是腐败的经济影响。这些腐败组织，可能会渗透到我们的企业，可能向敌对的外国势力提供后勤支持，可能试图操纵国家最高层的政府官员。事实上，这些由有组织的犯罪分子、腐败的政府官员和腐败的商业领袖组成的所谓"铁三角"，对国家安全

构成了严重威胁。[7]

一个政府越腐败，就越有可能产生不正当的激励，而那些最有能力和最诚实的公务员，则只能沮丧地离开政府。能力让位于政治关系、浪费和无能，在这个过程中，社会信任受到了削弱。如果政府雇员因支持腐败而获得奖励，那么腐败的做法就会制度化。毫不奇怪，被列为世界上最腐败的国家，往往是最贫穷的国家，而且正在走下坡路。

当美国政府领导人攻击本国的司法系统时，当美国公民支持这些领导人时，我们的国家，作为一个整体，就牺牲了道德权威，失去了尊重，破坏了价值。针对俄罗斯干预2016年美国总统大选的问题，特别顾问罗伯特·穆勒展开了调查，然而当白宫破坏该调查时，美国司法系统的信誉受到了损害。当美国总统拒绝回避自己的利益冲突，反而利用国家最高职位，为自己的商业活动牟利时，总统的诚信就会受到损害。

腐败还将我们的国家安全置于危险之中。"9·11"事件之后，美国为什么会入侵阿富汗呢？大多数人都一厢情愿地认为，我们的领导人正试图保护美国及其盟友，免遭基地组织进一步袭击。为了帮助建立一个更安全、更繁荣的阿富汗，我们帮助哈米德·卡尔扎伊担任阿富汗新领导人。然而，莎拉·查耶斯在她的专著《国家窃贼》(*Thieves of State*)中指出，美国对阿富汗腐败的容忍，以及美国国内的腐败，破坏了我们的效率。[8] 美国帮助建立了阿富汗政府，然而查耶斯却记录了该政府的惊天腐败，还记录了哈米德·卡尔扎伊及其家人的具体腐败，以及这种腐败给阿富汗社会带来的不信任。查耶斯认为，这种腐败引发了怨恨、叛乱甚至极端暴力。当美国政府接受并配合这种腐败行为时，美国在当地的军事存在，就沦为公民敌意的焦点。一旦我们容忍盟友的腐败行为，我们就失去了道德权威。

我们身处美国，很难想象其他国家的公民，为什么会选择我们认为显然很腐败的团体，来担任他们的领导呢？但正如查耶斯所强调的，他们经常会选择一个腐败团体，来取代美国政府支持的另一个腐败团体。无独有偶，记者詹姆斯·里森在他的专著《付出任何代价：贪婪、权力和无休止的战争》（*Pay Any Price: Greed, Power, and Endless War*）中，详细描述了KBR等军事分包商的贿赂行为。KBR以前曾是能源巨头哈利伯顿公司的子公司，这些企业大肆贿赂政府官员及其亲属，其行为进一步削弱了美国政府的道德权威，也降低了我们声称在外国做好事的可信度。[9]虽然军事承包商可能并非美国政府的正式组成部分，但其所在国家的公民却认为他们是美国政府的一部分，这些承包商很可能通过自己的行为，摧毁了我们的道德权威。

2018年，记者贾迈勒·卡舒吉被谋杀后，美国政府的道德权威进一步受到损害。几乎所有分析人士都认为，是沙特王储穆罕默德·本·萨勒曼下令，暗杀了卡舒吉，当时卡舒吉正在沙特阿拉伯驻土耳其伊斯坦布尔的领事馆内。卡舒吉一直对沙特政权持尖锐的批评态度，而美国却将沙特阿拉伯视为重要盟友，毕竟美国在复杂的中东地区需要盟友。

谋杀案发生后不久，土耳其当局公布的情报显示，沙特王储是谋杀案的幕后黑手。包括中央情报局在内的全球情报机构，都确信王储授权了这起谋杀案。然而，即使在所有证据都得到证实后，特朗普总统仍宣布强烈支持沙特阿拉伯。特朗普的发言更是让人困惑，他指出，美国情报部门将继续评估这一事件，并说我们"可能永远不会知道有关这起谋杀案的所有事实"。[10] 在回答王储是否知道或下令杀人的问题时，特朗普说："他可能知道，也可能不知道！"[11] 即使在《纽约时报》报道了美国情报部门掌握的一段录音后，特朗普的这一立场依然没有改变。该录音显示，2017年9月，穆罕默德王储曾告诉一名助手，如果卡舒吉不返回沙特阿拉伯，并停止对沙特政府的批评，他将"用子弹"来对付这位异议人士。[12]

特朗普进一步指出，对他来说，让沙特阿拉伯对谋杀记者负责并不重要，更为重要的是：沙特盛产石油，愿意购买来自美国的武器，并且支持美国的中东政策。他说："我不会愚蠢地对待沙特阿拉伯，从而破坏我们的经济。"[13] 显然，不与我们的盟友对抗，对盟国领导人的残暴和非法行为不闻不问，会带来短期的战略利益，但特朗普没能理解或关注这个问题：继续削弱美国的道德权威，会带来严重的长期后果。

道德权威不仅属于政府领导人，还属于我们所有人。如果医生很正直，患者则更愿意信任并遵循其指示。与没有道德权威的谈判者相比，拥有道德权威的谈判者更容易获取信息，找到能够创造价值的交易，建立更好的关系。非营利性组织领导者的道德权威，增加了人们对该组织的信任，有助于该组织筹集资金，并创造性地高效解决社会问题。企业领导者的道德权威，使他们能够让企业最大限度地为社会做贡献。然而，在所有这些领域，牺牲道德权威所造成的损害，远远超出了当初的不道德行为，因为一旦大家对某个领导者甚至整个机构失去信任，就会大大降低整体社会价值。

买通你想要的法律

美国人经常颐指气使地批评其他国家。我们经常批评新兴经济体，指责其非法行为干扰了诚信市场的运作。我们批评贿赂公职人员的国家。然而，当我们自己的领导人出现腐败行为时，我们就没有那么挑剔了，我们的领导人不惜扭曲法律，牺牲公众利益，为特殊利益集团或领导人自己牟利。从本质上说，我们已经建立起来的政治体系，允许通过扭曲法律而不是破坏法律来从事腐败行为。

发薪日贷款行业，就是一个现成的典型案例，说明我们的政治制度助长了腐败行为。发薪日贷款公司，通过提供短期贷款作为工资预付款，为有工作的穷人和其他经济困难的人，提供了紧急获得现金的手段。在理想的情况下，消费者能够在下一个发薪日偿还贷款。然而，发薪日贷款已经运行25年左右，年利率从200%到500%不等，需要用到发薪日贷款的人，平均每年有八笔这样的借款。在发薪日贷款中，每笔贷款的平均金额是375美元，借款人为此需要支付的平均利息是520美元。虽然发薪日贷款公司及其聘请来代表它们在华盛顿游说的集团都声称，它们的产品有助于满足低收入人群的需求，因为这个需求是传统贷款机构无法满足的，然而消费者权益保护机构和独立分析师却认为，总体上这些贷款弊大于利。大多数发薪日借款人无法及时偿还债务，而只能面临两难选择：要么拖欠贷款，要么借入更多资金，从而导致自己的财务困境进一步恶化。

在奥巴马政府执政期间，许多州已经开始监管发薪日贷款，并在某些情况下明令禁止发薪日贷款，该行业规模也随之缩小。此外，发薪日贷款行业的违规行为，在一定程度上推动了《多德-弗兰克华尔街改革和消费者保护法案》的出台，2010年奥巴马总统批准该法案成为法律。美国依据该法案，成立了消费者金融保护局，旨在保护和教育消费者，帮助他们了解有关发薪日贷款、银行、证券公司、收债公司和其他金融业务。2013年，消费者金融保护局指控发薪日贷款公司，"将借款人困在债务循环中"。[14]

消费者金融保护局的建立，主要归功于马萨诸塞州参议员伊丽莎白·沃伦，她是一位自由派参议员，虽然政府更迭导致消费者金融保护局不太稳定，但很少有政客积极或公开支持发薪日贷款公司。可是自特朗普当选总统以来，发薪日贷款公司通过腐败手段，用金钱开路的方式，购买到了自己想要的政治变革，这些变革提高了发薪日贷款公司的盈利能力，同时也给借款人造成了巨大的额外伤害。特朗普总统任命国会前众议员米克·穆尔瓦尼，担任消费者金融保护局领导职务，此人曾从发薪日贷款公司获得过竞选捐款，金额超过6万美元。穆尔瓦尼是发薪日贷款行业的公开支持者，但他却被任命为监管机构的负责人。

可悲的是，考虑到穆尔瓦尼明显的利益冲突，接下来发生的事情并不令人感到惊讶：他废除了严厉的新规定，这些规定旨在保护借款人免受发薪日贷款的影响。他认为，虽然成立消费者金融保护局的部分原因，正是为了监管该行业，但其实该局不应该，也不需要对该行业进行监管，理由是"解决你所看到的问题的最佳方法是通过立法，而不是依靠我来为你解决"。当然，穆尔瓦尼深知，当时掌权的共和党国会永远不会通过这样的法案。自从他发表了上述声明，并推出行业监管改革以来，公开上市交易的发薪日贷款公司的股票纷纷暴涨。

大约与此同时，美国社区金融服务协会决定在特朗普国家多拉尔度假村举办年会。该协会是发薪日贷款公司的行业协会组织，而特朗普国家多拉尔度假村是位于迈阿密的一个高尔夫度假胜地。2012年，该度假村破产后被特朗普收购，并花了1.5亿美元进行翻新，其中1.25亿美元是从德意志银行获得的贷款。美国社区金融服务协会负责人丹尼斯·肖尔声称，促使该协会决定在特朗普国家多拉尔度假村举办年会的原因有两个——高尔夫球和好天气，而不是政治原因，但是众所周知，佛罗里达州有很多不错的高尔夫度假村可供选择。

一般来说，当你看到经济体系似乎没有实现社会价值最大化时，你会发现特殊利益集团政治的腐败影响就在附近。这些特殊利益集团和受惠于它们的政客，正在像寄生虫一样吸走本应属于消费者和公民的价值。早在特朗普成为总统之前，特殊利益集团就已经与功利主义的北极星背道而驰。

许多行业以完全合法的方式，为自身利益展开游说，包括不受媒体审查的行业。一个现成的例子就是独立审计领域。我知道大多数读者认为审计是一个无聊的话题，但我还是要坚持谈谈这一话题。所有发达经济体都认为，外部各方，包括投资者、战略合作伙伴等，在做出决策时，都需要参考公司的财务报告，该报告必须是值得信赖的，而独立审计机制的存在，正是为了满足上述需求。1984年，在美国诉阿瑟扬公司一案中，时任首席大法官沃伦·伯格写道：

> 公司公开发布的报告，描述了公司的财务状况，独立审计师对这些报告的认可，意味着承担起了公共责任，该责任超越了公司与客户的任何雇佣关系。执行这一特殊职能的独立审计师，对公司的债权人、股东，以及投资者，负有终极的忠诚义务。这种

"公众监督"功能,要求审计师始终保持独立性,不能被客户公司左右,同时要非常忠诚,不能辜负公众的信任。[15]

在审计事务领域,原本有五家大公司,其中的安达信已经倒闭,原因是未能注意到安然公司的不当行为,因此审计领域目前只剩下四家大公司,但即便是针对社会上最大的公司,这些审计公司也有能力提供审计服务。提供独立审计,是审计师事务所存在的唯一原因,然而充满讽刺意味的是,美国的审计行业是在有效消除审计独立性的基础之上建立起来的。审计公司有财务激励,目的是避免失去客户。如果某家审计公司质疑客户的财务状况,客户就会有另寻新审计公司的动机,而原来的审计公司就会失去一个客户。审计师事务所还会向审计客户提供非审计服务,即咨询服务,从而获得可观的额外利润,而个人审计师往往最终会在客户公司任职。因此,一旦指出客户公司财务上存在的问题,审计师未来的职业机会也就泡汤了。我和同事对这些利益冲突进行了彻底调查,很早以前我们就得出了结论:审计公司没有履行承诺,没能保持独立性。[16]

审计师的独立性,是保护金融市场的前提,这就要求审计公司只进行审计,而不再提供其他服务;公司应该定期更换审计师;在一定的年限内,禁止个人审计师到客户公司任职。[17]尽管上述提议能够为社会创造价值,但是我们却未能实现这一目标。2002年出台了《萨班斯-奥克斯利法案》,该法案原本打算朝着改革的方向前进,但事实上该法案只是进行了些许的改革尝试,政治妥协使其效果大打折扣。虽然改革是非常有益的,对投资者、被审计公司,以及整个金融体系的道德操守都有好处,但是我们目前却深陷腐败体系,主要原因是大型审计公司反对改革，这些公司花在游说上的费用高达数百万美元。如果让现有的金融体系维持目前的腐败状况，唯一的受益者是现存的四家审计公司。这四家公司在现有金融体系中有着长期利害关系，其服务对象涵盖目前的绝大多数大公司。

这四家公司努力发出虚假信息，说自己有能力提供独立审计。2000年7月，美国证券交易委员会举行了听证会，安达信管理合伙人约瑟夫·贝拉迪诺在会上提供了以下书面证词，旨在探讨提高审计师独立性的措施，然而此时距离安然公司倒闭仅有一年多一点时间，安达信却未能报告安然公司的任何会计违规行为：

> 会计行业的未来是光明的，并且将保持光明——只要证券交易委员会不强迫我们扮演旧经济中的过时角色。不幸的是，委员会正在审议关于审计师独立性的规则，该规则无疑是要让我们扮演过时的角色。保持业务范围的广泛性，对于我们而言非常重要，因为这可以帮助我们跟上新的业务环境，吸引、激励、留住顶尖人才，从而在未来提高审计工作的质量。

五大审计师事务所的证词和游说，大大阻碍了美国证券交易委员会的改革，这种情况时至今日依然没有改观——安达信未能兑现贝拉迪诺的承诺，自己也难逃倒闭的下场，然而即便是在此事件之后，审计行业的改革还是没有起色。

这个故事引人入胜且相对独特的地方在于，审计行业的存在显然是为了帮助减少公司腐败，但其自身的腐败行为，却阻止我们创建一个能够真正实现这一目标的审计行业。理想情况下，政府官员做出的决策，符合整个社会的最大利益，人们很难想象，一个不能履行使命、保持其独立性的审计体系，会给社会带来什么好处。但在美国，包括审计行业在内的特殊利益集团，能够游说法律的制定，收买政客，其介入程度之深，在世界其他地方可谓闻所未闻。

关于"公民联合"起诉联邦选举委员会一案，自2010年最高法院判决以来，上面一段提到的腐败现象有增无减。该判决推翻了对公司和工会在独立支出方面的限制，这些支出可以用于政治沟通和选举事务。这一臭名昭著的决定，催生了所谓的超级政治行动委员会的诞生，公司、工会和其他团体可以向这些委员会捐款，捐款金额不设上限。从那以后，越来越多的竞选资金流向了超级政治行动委员会和具有"黑钱"性质的政治非营利性组织，这就意味着特殊利益集团能够调动前所未有的巨额资金，用来扭曲法律，满足自身的需要。美国的公民和公司，也许比其他许多国家的公民和公司更守法，但美国对立法过程的破坏程度，没有哪个国家可以望其项背。[18]当然在世界各国，不管是否违法，腐败所造成的价值破坏，都是非常猖獗和不道德的。

错误信息带来的腐败

在烟草和能源行业，尤其是煤炭和石油行业，其所破坏的价值，可能比所有其他行业的总和还要大。烟草在20世纪夺走了大约一亿人的生命，到21世纪，这一数字还将成倍增加。煤炭和石油生产，加剧了气候变化，可能最终杀死的人比烟草还要多。有趣的是，能源行业所依赖的故意发布错误信息的方法，与几十年前烟草行业所采用的方法非常相似。在我们的书《盲点：为什么我们不能做正确的事情以及如何解决该问题》(*Blind Spots: Why We Fail to Do What's Right and What to Do about It*)中，我和安·特布伦塞尔揭露了业界的伎俩，这些行业用以下策略，来扭曲我们对科学的理解，并在这个过程中破坏价值。[19]

混淆视听

如果企业想要延迟有益于社会的改革，必然会用到混淆视听的伎俩，即故意以含混不清或模棱两可的方式进行沟通，意图误导听众。为了阻止或推迟反吸烟措施的出台，烟草行业在发现其产品危害健康后，数十年来一直在混淆视听，目的是让人们对"吸烟有害健康"这一结论产生怀疑。虽然许多石油公司都在污染环境，但埃克森美孚却在误导公众方面一枝独秀，关于气候变化与人类燃烧化石燃料所带来的问题之间的联系，埃克森美孚一直在混淆视听，试图否认两者之间有联系。无论是大型烟草公司，还是埃克森美孚公司，都清楚地意识到，混淆视听会带来不确定性，而公众不太愿意投资解决一个存在不确定性的问题或严重程度不确定的问题；相反，如果面临一个肯定会带来重大威胁的问题，公众应该会积极着手解决该问题。

鼓励合理怀疑

20世纪50到90年代，40多年来，大型烟草公司一直保持着一种明确的策略，即让吸烟者对"吸烟有害健康"的观点产生怀疑，即便是在科学已经明确证明吸烟和肺癌具有因果关系之后，烟草公司依然坚持该策略。类似地，即便是在科学家，尤其是没有被业界收买的科学家，对气候变化问题已达成明确共识后，埃克森美孚依然花费了大量时间和金钱，向公众传达个别专家的怀疑。这些专家怀疑气候变化是否真的存在，即便它真的存在，人类在其中究竟能扮演什么角色。这些精心播下的怀疑种子，使得政客们很难采取行动，也很难动员公民支持改革。

不断改变对事实的看法

为了向公众和政客提供强有力的证据，腐败势力坚持自己对"事实"的扭曲观点。一旦他们的立场站不住脚，便会改变立场，在压倒性证据面前承认，过去的主张明显是虚假的，同时，他们会撇清自己与虚假主张之间的联系。几十年来，烟草行业一直坚信，吸烟不会造成伤害，甚至可能带来一些积极的健康好处，如控制体重、改善消化、放松情绪等。随着肺癌与香烟之间的科学联系日益紧密，烟草业高管不情愿地承认，香烟可能是导致肺癌的众多诱因之一，但坚持认为，没有任何特定的癌症可以追溯到香烟，其因果路径尚不清楚。埃克森美孚近年来做出了一个相对快速的转变：从坚持认为不存在人为的全球变暖，到声称全球变暖不是由人类行为造成的，再到认为不值得付出巨大代价来解决这个问题。但凡还有辩护价值，这些企业就不惜坚持最反动的观点，不到迫不得已不会改变立场。这些企业无疑是明智政策的敌人，它们绞尽脑汁拖延变革，并在拖延中获利。

维持现状

心理学家早就知道，在考虑潜在的变化时，我们往往更关注变化的风险，而非不变化的风险。例如，想象一下，你收到了一份工作邀请，在某些方面，例如，工资、责任等方面，比你目前的工作待遇要好得多，但是在其他方面，例如，上班地点、医疗保险等方面，比你目前的工作稍差一些。理性分析意味着，如果预期收益明显超过预期损失，你应该接受这份新的工作。然而，大多数人的心理倾向，会更多地关注损失而不是收益，这将导致许多人拒绝这份工作，从而维持现状，放弃净收益。在心理权重方面，损失比收益更受重视，因此维持现状会带来不作为的惯性，对明智行动构成障碍。维持现状的愿望，对我们的决定有着强大的影响，并与我在上文所描述的其他阻力因素互相作用，从而阻碍社会采取行动。

作为公民，我们要如何做才能创造价值呢？我们应该支持具备以下特质的政治家：接受科学作为政策基础，并且有足够智慧和勇气，倡导为社会创造价值。我们应该支持彻底的竞选融资改革。我们应该奖励具备以下特质的政治家：对于那些阻碍明智决策的公司和行业，敢于旗帜鲜明地提出反对意见，从而更好地为自己的选民服务。我们应该选举具备以下特质的领导人：对于那些破坏价值、有犯罪行为的组织和行业，敢于诉诸法律手段，严惩不贷。

日常腐败

我在本章中所描述的大多数例子，都涉及严重的腐败。值得注意的是，这些行为大多没有违犯任何法律；在许多情况下，当公司游说法律，以牺牲更广泛的社会为代价，使少数人受益时，腐败就会发生。我深知，自己写的每一个故事，都令人不安，徒增失望。更令我感到沮丧的是，我们的社会竟然允许这样的事情发生。然而，关注这些典型案例有一个不利之处，即我们很容易与这些腐败行为产生距离,并假设我们自己是无辜的。然而在日常生活中,我们所面临的腐败,在多数情况下,并不像我们想象的那样明显或具有腐蚀性,但仍然影响深远。

黛博拉·罗德是斯坦福大学的法学教授,她写了一本书,名为《欺骗:日常生活中的道德规范》(Cheating: Ethics in Everyday Life),该书描述了欺骗在社会中的广泛程度,她用体育、商业、纳税、剽窃、侵犯版权、保险索赔和婚姻等领域的欺骗故事,来说明这一现象。[20] 当人们在反思生活中可能做过的任何类型的欺骗行为时,比如小额瞒报税收,或下载盗版视频,请注意,人们往往以"每个人都这么做"为理由,对这些行为进行合理化,这是很常见的。但请注意,在某些社会中,这些行为比在其他社会中更为普遍,也更容易让社会接受。当我们从事这些欺骗活动时,我们总是通过把这些腐败行为合理化,来传播腐败行为。

为了说明这种合理化是如何发生的,罗德引用了特朗普的企业为例,有案可查的涉及该企业的腐败行为有很多,包括特朗普的房地产开发业务、为特朗普大学欺诈案支付的 2500 万美元和解费等。大约只有 1/3 的美国人相信特朗普是诚实的,但在总统大选中,他却获得了 46.1% 的选票,竞选对手希拉里·克林顿只获得了 48.2% 的选票。我们大家都知道他腐败,但我们似乎并不在意。民众不关注领导人的腐败,这本身就是一个很大的问题,因为这无疑是向下一位领导人发出信号,诚实不过是一项可有可无的选项。

罗德试图估算出欺骗给社会带来的成本,这是一项艰巨的任务,仅在美国,每年的损失就高达大约一万亿美元。这一数字包括 4500 亿美元的偷税漏税,2500 亿美元的非法下载,2000 亿美元的保险欺诈,以及 500 亿至 2000 亿美元的员工盗窃。这些估计数字可能偏低，因为人们会努力掩盖其欺骗行为。无论如何，实际数字显然是巨大的。欺骗的后果很严重：一方面，当之无愧的一方，没有收到他们应得的资金；另一方面，骗子因腐败行为而变得更加卑微；最重要的是，承担管理政府、鼓励创新、实现保险全覆盖等的机构，受到了损害。

治理腐败

保险是一项异常简单的业务。其基本逻辑是：你定期支付保费，如果发生不好的事情，你就可以提出索赔，并从保险公司得到赔偿，作为对你支付保费的回馈。就是这样：以保费的形式付款，当你提出索赔时收到回报。该行业没有任何实体产品可供制造，也没有复杂的服务可供提供。然而，你去伦敦、纽约或苏黎世走走，就会发现保险公司大都占据着非常大的建筑，有时是多座非常大的建筑。那么，里面的所有员工都在做什么呢？根据我的经验，许多人花费大量时间，试图不支付索赔。

没错，我说的是不支付索赔。大型保险公司通常会安排数千名员工，专职与索赔人进行谈判，并评估损失，重点是确保实际理赔额低于索赔人所要求的金额。为什么不痛痛快快地支付索赔呢？保险理赔师马上就会解释说，这是因为人们会撒谎，有时还会多次撒谎。他们会将子虚乌有的物品添加到被盗物品清单中，并夸大失窃物品的价值。他们会夸大自己的受伤情况。欺诈是保险业面临的一个主要问题，保险公司每年花费数百万美元用于欺诈检测。同时，如果你问索赔人，为什么他们要求的赔偿金额超过了应索赔物品的客观价值，他们可能会回答说，保险公司将索赔金额视为谈判议价的起点，如果你是诚实的，你最终得到的赔款金额将会低于索赔金额，也就是低于应赔偿的客观价值。因此，双方最终都以腐败的方式行事，以对抗预期对方会采用的腐败方式。我所熟知的一家大型保险公司，为了支付大约300亿美元的理赔业务，投入了大约3000名理赔师，并在外部法律费用上花费了大约30亿美元。所有这些麻烦、成本和价值破坏，都是由相互破坏的腐败造成的。"现实就是如此"，还是可以采取措施，创造价值呢？

当我在为世界上最大的保险公司之一提供咨询服务时，我开始对保险业有所了解。那个时候，我正好也是一篇论文的第五作者，该论文开篇是"请在开始填表前先签字……"。[21] 想想你每年填写的税务表，或者你过去填写的任何费用报销表。你会记得，在完成填写这些表格后，通常会要求你签名，以证明你诚实地填写了表格。在这篇关于先签名的论文中，我和我的合著者发现，如果人们在开始填写表格前就承诺会说实话，那么他们真的更有可能会如实填表。也就是说，要求他们签名的位置，在表格的顶端而不是底部，或者在在线表格的第一个屏幕而不是最后一个屏幕上，即让他们签名后再填写表格，要比填写完表格后再签名，更加诚实。

这篇论文发表在《美国国家科学院院刊》上，该刊并不是吸引创业企业家或保险业高管关注的最佳刊物。[22] 更糟糕的是，我们最近未能在实验中验证这一结果，从而降低了我对论文结论的信心。[23] 然而，我确实收到了一封电子邮件，来自斯图尔特·巴瑟曼，他是一家初创保险公司的高管，他读到了我们发表在《美国国家科学院院刊》的这篇文章。斯图尔特非常感兴趣的问题是：如何才能让人们在网上说实话。斯图尔特是个低调的人，但鉴于我俩的姓氏都非常罕见，并且几乎一模一样，又鉴于我的论文主题很有吸引力，在其配偶苏的鼓励下，他给我发了一封电子邮件，从而开启了一段友谊和工作关系。

斯图尔特是一家名为斯莱丝（Slice）公司的联合创始人。[24]如果你访问它的网站，就会发现它的业务：向在旅行租房网站上租房的人，推销短期保险，这类租房网站包括爱彼迎和人在旅途（HomeAway）。当住宅物业用于商业目的时，该保险就可以覆盖该住宅物业。最重要的是，斯莱丝在网上销售其绝大多数保单，并在网上处理索赔。在此过程中，斯莱丝已成为在线销售保单和支付理赔的领导者，其业务模式对大公司很有借鉴意义，有助于帮助大公司思考，如何才能实现远高于传统模式的效率。斯莱丝做到了，其理赔成本远低于传统保险公司的理赔成本。但是，你可能已经想到，在网络世界中，索赔人撒谎的可能性应该更大啊？

这就是我加入该公司的原因。斯图尔特联系了我，认为我可能知道如何才能让人们说出实情，斯莱丝聘请我担任公司顾问，帮助设计索赔流程，以减少骗保欺诈。我们想象中的完美世界是这样的：索赔人告诉保险公司真相，保险公司爽快地支付了索赔。前文提到的那家保险公司，在法律费用上花费了30亿美元，这笔金额中的绝大部分是原本不需要花费的冤枉钱。一家保险公司也不需要数千名理赔师，可能几十名就足够了。索赔的支付速度也会加快许多，索赔人通常也被称为客户，对其保险公司的服务也会更加满意。

如何实现这个乌托邦式的保险世界呢？首先，我们的目标不是要求所有人都做到完全诚实——正如我们在本书中的目标不是完美一样——只要未来理赔过程中发生的腐败情况比目前的发生频率低就行。其次，与当今经济的许多其他方面一样，保险业也需要转移到手机上，因为手机支配着我们生活的方方面面。在线索赔服务的关键要素是什么呢？斯莱丝仍在努力寻找答案，但目前已经有一些心得可以和大家分享。

首先，可以借助先进的人工智能，来识别完全是骗保的一小部分索赔，人工智能可以在网上找到索赔人的详细资料，包括其过去的索赔历史及其生活的方方面面。一旦客户遭受保险损失时，只需打开手机上的应用程序，就能方便地填写索赔表。在开始填表之前，客户必须先承诺会说实话，以确保客户保持诚实的心态。此外，索赔人需要使用手机，录制一段简短的视频，言简意赅地提出索赔请求。为什么要录视频呢？因为人们在视频中撒谎的可能性，要远远低于在写字或打字时撒谎的可能性。其次，索赔人需要回答有关损失的具体问题，这些问题通常是可以核实的，例如，"你为丢失的物品支付了多少钱"或"在亚马逊网站上更换它需要多少钱"，而不是"你丢失的物品值多少钱"。很显然，泛泛而论的问题，允许人们提供更模糊的答案，因而更可能具有欺骗性。接下来，索赔人会回答还有谁知道损失，例如，当损失发生时，在房间里的另一个客人等。当自己的骗保行为，有可能被他人知晓时，人们就不太可能进行欺骗。一旦人工智能评估某索赔是可信的，索赔将在瞬间得到支付，这要归功于自动支付系统。有如此诚信、高效的理赔支付系统，保险公司将获得值得信赖的声誉，并且出于互惠心理，客户在和保险公司沟通时也会更加诚实。我们的目标是创造一种从根本上更具竞争力的保险产品，更好地为诚实的客户和保险公司服务，从而真正创造价值。

我感到很幸运，有时间、有机会在更广泛的范围内致力于减少腐败。我喜欢帮助建立一个更诚实的保险体系，我们所有人都能以自己的方式，通过减少腐败来创造价值。一个显而易见的步骤是避免腐败的诱惑，即使其他人都在这样做，我们也不要这样做。但是，考虑到你可能相当诚实，或者你在阅读本书时，还没有读到这里就放弃了，当其他人腐败时，你可能更有机会识别腐败行为，并采取行动。在前文，我曾提及伯纳德·麦道夫的庞氏骗局，他从毫无戒心的投资者那里，窃取了数百亿美元。[25] 对我来说，故事中最有趣的部分，不是一个真正的坏人做了坏事，而是数百名聪明、受过良好教育的人，在有充分的数据表明麦道夫的回报是不可能的情况下，竟然完全没有注意到这些信息，并且没有采取相应的行动。所以，在未来，当你看到一些看起来不对劲，或者看起来太好或不真实的事情时，记住你有义务大声说出来，从而让世界变得更加美好。

第五章
善于发现和创造价值

前面三章,集中探讨了我们每个人都有创造更多价值的潜力,途径有三:充分发挥自己的聪明才智,通过明智的取舍创造价值,更好发挥大家的诚实天性。为了锻炼上述技能,通常需要有能力识别,创造价值的机会在哪里。本章强调的挑战是:如何才能更好地发现创造价值的机会。这就对你提出了两点要求——时刻警惕、掌握技巧,方能抓住采取行动的契机。

为了帮助我们进入状态,我将向大家发出一个挑战,请你来做个投资决策,我经常把该决策推介给工商管理硕士生、高管、投资银行家,以及许多其他精英群体。[1]

想象一下,你是某位客户的投资顾问,他希望长期投资,风险承受能力一般。现在有四只投资基金,你正在考虑为该客户选择其中的一只投资基金:烟草交易投资基金、阿尔法投资基金、坚毅投资基金、电力交易投资基金。下图提供了过去九年中,每只基金的回报率,以及标准普尔500指数的平均回报率。

你会向客户推荐哪只基金呢?

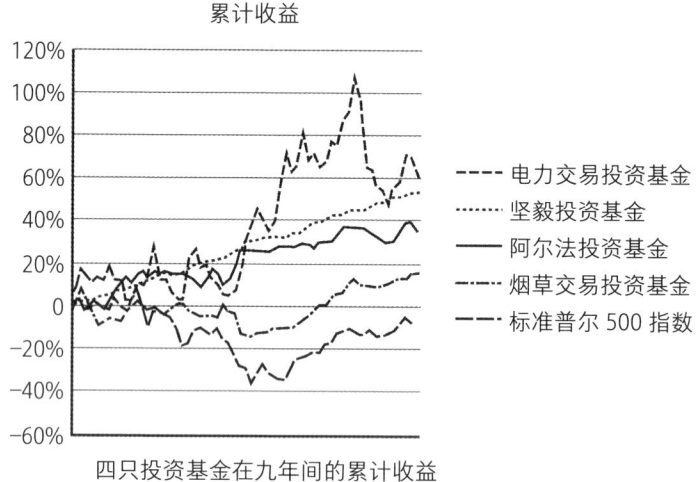

四只投资基金在九年间的累计收益

在这四只基金中,表现最差的是烟草交易投资基金,该基金投资了一个不受欢迎的行业,大多数人对此兴趣不大。在剩下的三只基金中,绝大多数人,包括那些拥有投资专业知识的人,都会选择坚毅投资基金。然而,当你问这些人,是否发现这些基金存在问题时,大多数参与者很快就会注意到,坚毅投资基金的回报是不可能的。但凡有点金融基础知识的人,都会意识到,没有哪只基金能够在九年内毫无波动地跑赢市场。在专注于选择投资哪只基金时,这些参与者只关心投资回报和低波动性,然而当你问他们是否发现存在问题时,他们很快就能指出问题。

在上述实验中,通过询问参与者会推荐哪只基金,揭示了一个现象:当我们的注意力转移到其他地方时,我们很难关注到决策的道德因素,这个现象就是我的同事安·特布伦塞尔所说的道德衰退。[2] 顺便说一句,如果你选择了坚毅投资基金,你无疑是选择了破产,因为你投资的是一只支线基金,该基金将所有资金都投入了伯纳德·麦道夫的庞氏骗局。在上一章结尾时，我提到了麦道夫丑闻，相当于已经给你暗示了，但不幸的是，你还是做出了这样的投资选择。

值得注意的是，麦道夫的大部分投资，都是通过支线基金完成的：这些支线基金，将投资产品卖给零售客户，然后将所得款项用于投资麦道夫。投资者信任伯纳德·麦道夫，把自己的钱交给他，但是他却没有做任何投资——他只是在偷钱，把这些钱据为己有，一部分钱用于管理，一部分钱用于偿还少数在基金崩溃前收回资金的投资者。在庞氏骗局中，麦道夫投资者的损失金额高达650亿美元。

对本书的大部分读者而言，你们可能没有相关的财务背景，因而无法认识到麦道夫的投资回报是不可能实现的。但是对于那些拥有丰富专业知识和智慧的人士而言，他们应该知道，在九年内以极低的波动性，大幅超越市场是完全不可能的，尽管如此，他们还是向投资者推荐了麦道夫的基金。这些专业人士知道，他们应该做出正确的决定；他们只是没有将这些知识与当下的数据联系起来，尽管这些数据往往就摆在他们面前。即使在麦道夫破产后，我依然心存怀疑，怀疑这些专业投资人士是否已经认识到问题的症结，即他们没有注意到，麦道夫的高额回报率根本无法实现，这是一个道德问题。然而，这一疏忽造成了大规模的伤害。"没有注意到"会破坏价值。

善于识别威胁，尤其是那些有可能破坏你和其他人价值的威胁，无疑是一项重要的技能。我相信，当一个人拥有知识和智慧，能够识别不道德的行为，并且有能力采取行动时，从道义上来讲，他们应该这样做。如果没有金融专家的贡献，麦道夫的欺诈行为不可能长久得逞，而这些金融专家本应该阻止这样的事情发生。我们将会看到，"没有注意到"可能出现的威胁，是一种很常见的现象，随之而来的往往是价值破坏。此外，我们所有人都有"没有注意到"的时候，包括一些了不起的大人物。幸运的是，我们可以采取行动，来帮助自己更好地注意到应该关注的问题。

勇担责任，善于发现

以下名人拥有令人印象深刻的资历，并以其聪明才智闻名于世。

亨利·基辛格曾在尼克松和福特这两位总统的任期内，担任美国国务卿和国家安全顾问的要职。尽管备受争议，但他才华横溢是举世公认的。

乔治·舒尔茨是美国仅有的两位担任过四个不同的内阁职位的人之一，他曾在三位不同的共和党总统手下任职。在塑造里根政府的外交政策方面，他发挥了举足轻重的作用。

詹姆斯·马蒂斯将军曾在美国海军陆战队服役，并于2017年1月至2018年12月担任美国第26任国防部长。因与特朗普总统的政策发生分歧，作为知识分子，他选择了辞职。

威廉·詹姆斯·佩里是数学家、工程师、商人，在克林顿总统时期，曾经担任美国国防部长。佩里是斯坦福大学教授、斯坦福胡佛研究所高级研究员、美国国家工程院院士、美国艺术与科学院院士。

萨姆·纳恩在1973年至1997年的24年间，一直代表佐治亚州担任美国民主党参议员。据报道，考虑到他的政治经历和国防资历，在2004年和2008年的两届总统大选中，他都是民主党副总统的候选人之一，民主党2004年的总统候选人是约翰·克里，2008年的总统候选人是巴拉克·奥巴马。

除了令人印象深刻的政治资历和敏锐的才智，以上这些人还有什么共同之处呢？尽管他们都不具备医疗技术方面的专业知识，但他们都在塞拉诺斯公司（Theranos）董事会任职，塞拉诺斯公司是21世纪最著名的医疗公司之一。另外，他们都疏忽大意，没有注意到眼皮底下的欺诈行为，这些欺诈行为带来了令人震惊的后果：塞拉诺斯公司的投资者损失了数亿美元，数万名患者的诊断有误，整个医疗界都被误导了。

2004年，19岁的伊丽莎白·霍姆斯从斯坦福大学辍学，创办了塞拉诺斯公司，该公司致力于改革血液检测的过程。霍姆斯声称自己掌握了一项突破性技术，该技术比目前通过注射器抽血更有效、侵入性更小。据霍姆斯说，这项革命性的新技术，只需轻轻刺破一根手指即可完成采血，所采集的血量不到通常血量的1%，这些血可用于200多种不同的血液测试。霍姆斯一再错误地宣称，塞拉诺斯公司可以推出一款"爱迪生"牌的小型便携式自动化实验室，来进行血液检测，该实验室将大大减少人为错误，并能更快提供检测结果，还会大大降低成本。

塞拉诺斯公司从投资者那里筹集到的启动资金高达7亿多美元，在2013—2014年，该公司的市值超过90亿美元，达到峰值。霍姆斯自己也荣登2015年《时代周刊》最具影响力百人榜；同年，《魅力》杂志授予她"年度女性"称号。但在2015年10月，塞拉诺斯公司内部消息人士透露，《华尔街日报》记者约翰·卡雷鲁撰写了一篇文章，质疑该公司技术的有效性。随后，铺天盖地涌来了一系列的法律和商业指控，对该公司发出质疑的是医疗机构、投资者、美国证券交易委员会、美国医疗保险和医疗补助服务中心（该中心负责监督医疗实验室)、州检察长、以前的业务合作伙伴、患者和其他人。他们都发现了该公司存在大规模的欺诈行为,这在约翰·卡雷鲁的书《坏血》(*Bad Blood*)以及电影和播客中都有详细记录。[3] 到 2016 年 6 月,霍姆斯的个人净资产已从 45 亿美元降至一文不名。

2018 年 3 月 14 日,美国证券交易委员会以大规模欺诈罪,指控以下三方:塞拉诺斯公司、霍姆斯,以及公司前总裁拉梅什·"阳光"·巴尔瓦尼,此人当时是霍姆斯的伴侣。美国证券交易委员会指控霍姆斯撒谎,她谎称公司年收入为 1 亿多美元,实际收入却只有 10 万余美元,谎言比实际数字高出了 1000 倍。这只是冰山一角,在面对董事会、投资者和媒体时,霍姆斯和巴尔瓦尼谎话连篇。塞拉诺斯公司和霍姆斯同意调解这些民事指控,霍姆斯为此支付了 50 万美元的罚款,还退出了她持有的公司股份,共计 1890 万股,放弃了对该公司的控制,并在未来十年里禁止担任任何上市公司的高管或董事。巴尔瓦尼却不同意调解。

2018 年 6 月 15 日,美国加州北区检察官宣布了对霍姆斯和巴尔瓦尼的起诉,指控他们犯有电信欺诈和共谋罪。[4] 塞拉诺斯公司也曾积极寻找买家,但在所有努力都付诸东流之后,该公司于 2018 年 9 月 4 日宣布倒闭。预计对两人的审判将在 2020 年 8 月开始。[5]

罪犯永远活跃在我们中间,然而,在如何防止犯罪方面,社会科学家却没能提出新鲜的见解。有证据表明,刚开始时,霍姆斯表现出来的是硅谷常见的典型夸张,然后随着威胁和机遇的出现,她逐渐加大了对自己主张的承诺。正是从这里开始,她滑入了大规模腐败的深渊,麦道夫的行为也证明了这一点。然而这些罪犯,并不是我们关注的焦点。我们关注的是其他人,包括塞拉诺斯公司董事会成员、投资者、业务合作伙伴和监管机构,这些人一开始都没有注意到塞拉诺斯公司存在大量的欺诈迹象,直到卡雷鲁公开质疑后,他们才注意到公司有问题。

塞拉诺斯公司的董事会是一个令人印象深刻的群体,但对于市值如此高的一家公司来说,这并不是一个称职的董事会。董事会成员的成就与医疗技术毫无关系,他们的成名,也是很久以前的事了。他们缺乏审计和法律方面的专业知识,整个董事会都缺乏科学和医学知识,真是令人震惊。塞拉诺斯公司的案例,讲述了一个非常聪明、善于欺骗的领导,如何愚弄了许多比自己年长、更有权势的人,这些人对塞拉诺斯公司的业务几乎一窍不通。霍姆斯在医学或商业方面没有任何专长;董事会成员在这两方面也不能提供什么帮助。从来没有人要求董事会成员,利用他们的关系,提供科学或医学方面的建议,他们的作用只是为霍姆斯找到下一拨投资者。该董事会的人员构成,本应给大家敲响警钟,表明该公司出现问题了,但这并非唯一的警钟。

塞拉诺斯公司的保密工作做得非常到位。对高科技公司而言,尤其是一家拥有前景可观的新技术的公司,这在某种程度上是很正常的;要求员工签署保密协议,也是完全可以理解的。但是该公司在保密方面的其他做法,却显得极其不正常。大多数生物技术公司都以与科学界的联系为荣,塞拉诺斯公司却不愿与学界接触,甚至是唯恐避之不及,就像是在躲避瘟疫一样。该公司还尽量避免同行评议,不征求外部专家的意见,也不欢迎来自外部的观察者。霍姆斯曾描述了塞拉诺斯公司的技术是如何运作的,现在她的这段讲话早已臭名昭著:"进行一项化学实验,会发生化学反应,接触血样后,通过化学相互作用,发出信号,然后将其转化为实验结果,最后我们持证上岗的实验室人员会核查该结果。"尽管会经常听到这种空洞无物的发言,但公司董事会和其他人却总是选择把头埋在沙子里,保持沉默,自欺欺人。

菲利斯·加德纳是斯坦福大学医学院教授,同时也是霍姆斯的顾问,他大胆地说出了自己的怀疑,明确告诉霍姆斯等人,塞拉诺斯公司试图做的事情,在物理世界根本就是不可能的。尽管科学界的评估对该公司很不利,霍姆斯还是与多家大型制药公司达成了协议。当然,这些协议能否落实,还要取决于塞拉诺斯公司技术的测试结果是否有效。2006年,总部位于瑞士的诺华制药公司对该技术进行了测试,在第一次测试失败后,该公司便切断了与塞拉诺斯公司的联系。第二年,辉瑞公司也进行了测试,显示实验结果前后矛盾,且很不稳定,于是辉瑞也抛弃了塞拉诺斯公司。类似的测试失败与日俱增,没有任何外部证据可以证明塞拉诺斯公司的方法是科学有效的,但即便在这种情况下,该公司董事会成员、投资者和其他人都没有注意到已经出现的问题。

塞拉诺斯公司的员工,一旦质疑该公司的产品,就会受到威胁、排斥或降级。2006年,该公司的首席财务官在得知诺华测试失败后,暗示塞拉诺斯公司可能有歪曲数据的行为,他受到严厉批评,说他缺乏团队精神,并因此被解雇了。塞拉诺斯公司内部的另外一名批评者是伊恩·吉本斯,他因不堪承受不公平的对待,愤而自杀了。在一家公司里,不同部门间的相互协调是非常正常的事情,然而塞拉诺斯公司却禁止内部不同部门间相互协调,同时还告诉投资者,他们不会定期得到有关该公司发展的最新信息。投资者由于缺乏科学和医学方面的专业知识,因而不会被细节的缺乏困扰;相反,看到霍姆斯的演讲征服了这么多名人,他们倍感欣慰。

卡雷鲁在《华尔街日报》发表揭露文章之前,塞拉诺斯公司董事会成员和其他人,原本早就应该注意到该公司的欺诈行为。但这个案例暴露出来的失察问题,并不像麦道夫的收益问题那么简单,因为大家都知道只赚不赔的收益压根儿就是不存在的。这个失察的案例,早就应该发出多个警报:塞拉诺斯公司的董事会构成是有问题的,这些人缺乏胜任当前职责的能力;该公司的极端保密措施,其实早已暴露出问题;这项技术经不起科学实验的检测,在实验过程中多次失败;对员工和信息,公司领导实行极权控制。很多时候,我们中的大多数人,在看到自己无法完全理解的现象时,不会质疑,因为我们怕暴露自己的无知,相反,却把注意力集中到我们能够理解的问题上。事实上,当我们肩负着监督的责任时,一旦看到这些不能理解的现象,就应该立刻要求公司做出说明,从而让其负起责任来。

"没有注意到"不是一个好借口

虽然德国人卡尔·本茨发明了汽车,但却是美国人亨利·福特让人们买得起汽车,这一点让许多德国人倍感沮丧。1938年,每50名德国人中,只有一人拥有汽车,而在美国,这一比例为1/5。[6] 1937年,在阿道夫·希特勒和国家社会主义工人党(纳粹)当权期间,德国政府新建了一家国有汽车公司,即大众汽车公司,直译为"人民汽车公司"。希特勒聘请奥地利汽车工程师费迪南德·保时捷担任设计师,目的是设计一款价格合理但速度仍然很快的汽车。1939年,这款新车在柏林车展上亮相。但第二次世界大战爆发后,大众汽车便停止了生产。二战期间，大众汽车的工厂被改造，用于生产武器，成为纳粹治下最大的奴隶劳动使用者，大众汽车的工人中，就有奥斯威辛集中营的囚犯，许多工人在工作中丧生。

二战结束后，大众工厂一片废墟，盟国方面负责德国这一地区的是英国，盟国将大众作为振兴德国汽车工业的重点。大众汽车在美国的销量，最初远低于该车在世界其他地区的销量，原因很简单——该车与纳粹有联系，并且体积较小，圆形外观颇不常见。然而1959年，一家美国广告公司发起了一场具有里程碑意义的运动，将这款车称为"甲壳虫"，并将其小巧的尺寸作为一项明显优势，向消费者兜售。在接下来的几年里，大众成为美国最畅销的进口汽车，在20世纪60年代的反主流文化运动中，尤其深受欢迎。在20世纪70年代中期，我也拥有一辆大众汽车，款型是卡尔曼吉亚，这是我花了700美元买来的二手车。它看起来像一只被压扁的甲壳虫，但或多或少还是有点跑车的形状。虽然我的朋友和家人说拥有一辆纳粹血统的汽车很不道德，但我当时还是很喜欢这辆车。对我来说，那段纳粹经历已成为久远历史的一部分。

大众最近的历史，主要深受首席执行官费迪南德·皮耶希的专制影响，此人是费迪南德·保时捷的外孙子。他曾是大众汽车监事会负责人，1993年成为大众汽车的首席执行官后，设定了一个宏大的目标：把大众建成世界最大的汽车制造商。皮耶希吹嘘说，他通过"恐吓大众工程师"，来提高企业的效率。在皮耶希掌权期间，大众汽车爆出了多起不道德、不合法的事件。其中两个事件相当有名。第一个事件，涉及1993年大众从通用汽车公司挖人，把著名的通用汽车公司采购专家纳入自己麾下，该专家名叫何塞·伊格纳西奥·洛佩斯·德·阿里奥图瓦。从其他公司挖走高级管理人员，这种现象很普遍，也是合法的，但通用汽车和数家执法机构提出控诉，指责皮耶希和大众公司从事工业间谍活动。具体来说，就是指控皮耶希和大众公司，与阿里奥图瓦及其从通用汽车公司带到大众的直接下属沆瀣一气，共同复制、窃取通用汽车公司的文件。这场纠纷在庭外达成和解，大众向通用汽车支付了1亿美元，并同意购买10亿美元的通用汽车零部件。

第二个事件发生在2005年，明显又是一桩丑闻：大众管理层花费500多万美元，为管理层和企业劳工领袖招妓，目的是让劳工领袖对现有的管理模式感到满意。[7]虽然没有证据表明皮耶希在这些丑闻中扮演了重要角色，但他也没有把丑闻作为道德问题提出来。员工们都知道，在皮耶希的领导下，最重要的是完成任务，至于是用何种方法来完成任务的，则无人关心。[8]

2002年，皮耶希辞掉了首席执行官的职位，但继续担任大众汽车监事会主席一职，并在自己的继任者人选问题上发挥了关键作用，让自己推荐的人选顺利担任自己的继任者，这位新的首席执行官名叫毕睿德。事实证明，毕睿德比皮耶希具有更高的道德水准，不那么独裁，更愿意倾听员工的意见，并且愿意以史为鉴，把大众丑闻缠身的历史化为公司改革前进的动力。这可能意味着要重新调查过去的丑闻，此举使得工人、监事会和皮耶希都不再支持他的领导。尽管毕睿德在任期间取得了傲人的财务业绩，但在其第一个五年任期结束时，却没能获得连任。

2007年，马丁·温特科恩担任大众汽车首席执行官一职，他在皮耶希手下干了30年，深得后者赏识。为了实现皮耶希当初定下的目标，即把大众建成世界上最大的汽车制造商，温特科恩重新恢复了皮耶希的独裁风格，重点是只要能取得成果，就可以不惜一切代价——包括道德代价。据离职员工描述，温特科恩不喜欢听到坏消息，在他执政期间，其下属不敢承认工作中的失败，也不敢反驳上司。温特科恩认为，美国市场是最具增长潜力的市场，鉴于美国的排污法规日趋严格，因此大众把重点放在创造一种"清洁"的柴油发动机上，目的是通过美国的排放检测。奥迪是大众汽车的子公司，该公司的工程师和大众汽车的工程师一起，联手开发"清洁"的柴油发动机，工程师们面临着巨大的压力，因为他们在开发解决方案时，遇到了困难——这个解决方案，要么不在他们的能力范围内，要么根本不可能实现。一旦人们发现交给自己的任务很困难，并且无法合法地完成任务，他们就很有可能会通过非法活动来实现这些目标。[9]大众汽车公司号称生产出了一系列的"清洁柴油"汽车，并积极宣传，深受美国和世界各地的环保消费者欢迎。

对于大众汽车公司最新发生的不道德行为，我是在2015年才意识到的。2014年，在美国加利福尼亚州空气资源委员会的委托下，进行了一项关于大众汽车实验室排放数据和道路排放数据之间的差异的研究。该委员会委托了好几个团队参与此项研究，其中一个团队是由西弗吉尼亚大学的五位科学家组成的，该团队第一个发现大众汽车的问题：该车软件在测试模式下的运行方式与汽车实际行驶时，有不一致的地方。这些不一致导致许多国家的监管机构开始调查大众汽车。2015年9月，美国国家环保局向大众发出了违犯《清洁空气法》的通知。美国国家环保局指控大众，故意对其柴油发动机进行编程，以便仅在实验室排放测试期间启动排放控制，而在车辆正常使用时，却不会启动排放控制。在测试模式下，车辆排放指标符合美国联邦政府规定的所有排放法规。当不处于测试模式时，即在正常行驶过程中，汽车会切换到另一种模式，届时燃油压力、喷油时机、废气再循环方式显著不同。在这种正常驾驶模式下，汽车的油耗里程和功率都更高效，但氮氧化物排放量也更高，比联邦政府规定的限额高出了40倍。氮氧化物是一种烟雾污染物，与肺癌、哮喘和其他疾病关系密切。

为了愚弄监管者，大众的工程师们不惜故意制造出骗人的装置，汽车安上这种装置后，对空气的污染会更加严重，并且导致数千人因污染而死亡。[10]这一蓄意欺骗，成功诱使全世界数百万人购买了大众汽车产品，这些人大都愿意为环保做出更大贡献。2009—2015年，大众汽车在全球的总销量高达1100万辆，其中在美国的销量达到50多万辆。

骗局被揭穿后，大众汽车首席执行官马丁·温特科恩被迫辞职，其他一些高层领导也被停职。2015年9月29日，大众汽车宣布计划对1100万辆汽车提供维修服务。大众汽车声称，所有受影响的汽车将在2015年底前修复，然而，直到2016年1月大众才开始执行召回计划。2015年10月8日，大众汽车美国首席执行官迈克尔·霍恩向美国国会表示，修复所有汽车需要数年时间。

2016年10月25日，美国地区法院法官查尔斯·布雷耶批准了大众汽车公司的和解协议，该协议金额高达147亿美元。大众汽车同意向所有受到影响的车主发送通知，告知他们有一项100亿美元的回购计划，允许他们用汽车置换现金。2017年1月，大众汽车承认了刑事指控，但将欺骗软件归咎于低级工程师的行为。截至2019年，大众在罚金、罚款、赔偿，以及诉讼和解成本方面的支出，总计超过了 300 亿美元。研究人员估算，2008—2015 年，配备了大众汽车软件的车辆会排放大量污染物，在美国造成大量与该设备相关的死亡。《环境污染》杂志发表的研究估计，考虑到该事件对健康的影响，大众汽车由于使用了欺诈性软件，其排放的氮氧化物造成了严重后果，损失高达 45000 伤残调整寿命年（disability-adjusted life years，DALY）。伤残调整寿命年是用来估算不良健康或残疾的常用指标，以便量化生命损失的年数和生活质量的下降。在纳粹统治时代，曾杀害了许多无辜的百姓，这次大众汽车公司也与数量惊人的死亡联系在一起。[11]

2018 年 5 月 3 日，大众前首席执行官温特科恩在美国被控欺诈和共谋。起诉书披露了如下证词：他不仅完全了解他的工程师们在做什么，而且授意继续掩盖事实。温特科恩的前导师费迪南德·皮耶希告诉德国检察官，他与温特科恩曾讨论过大众汽车的软件操纵问题。然而，温特科恩和其他高级管理人员却继续否认他们知道欺诈事件，该做法在美国、德国和其他地方产生了深远的法律影响。

《纽约时报》采访了一位长期担任大众汽车高管的人，他认为，由于"工程师对环境法规怀有根深蒂固的敌意"，大众汽车的排放丑闻几乎是不可避免的。[12] 他还说："没有哪家公司的老板和工会会像大众汽车那样紧密合作……政府和工会都希望……充分就业，就业机会越多越好。大众汽车肩负着向德国人民提供就业机会的国家使命，这正是推动其成为世界第一大汽车制造商的深层原因。为实现该目标，他们会不择手段。"

不法行为对大众汽车来说至关重要，即使在 2015 年排放丑闻爆发后，大众旗下的奥迪汽车仍然继续使用同样的非法设备。2017 年，德国监管机构迫使奥迪也召回自己的问题车型。2018年1月，奥迪柴油发动机开发部的一名员工表示，"不使用肮脏的手段，我们是无法完成任务的"。[13] 2019年7月，德国检察官指控奥迪首席执行官鲁珀特·施塔德勒犯有欺诈罪，因为他在排放丑闻中扮演了很不光彩的角色。

在这个案例中，最令人惊讶和沮丧的问题是，温特科恩和其他高管利用他们所谓的"不知情"，来对抗起诉和监禁。虽然我不是律师，这本书也不是关于法律的，但我不相信温特科恩所说的"不知情"。有证据表明，他对许多人的死亡负有直接责任。即使我在这一点上错怪了他，当一名高管所营造的工作环境会迫使大量下属犯罪时，当该高管参与掩盖犯罪的行为时，他在道义上也需要对这些行为负责——即使他对技术层面的问题一无所知。如果我们接受所谓"不知情"的说法，无疑会让更多的高管逍遥法外。"不知情"只不过是这些人的借口而已，正是他们的行为，才导致别人犯下罪行。

超越塞拉诺斯和大众

温特科恩让我想起了约瑟夫·拉青格和乔·帕特诺。在成为教皇本笃十六世之前，拉青格在梵蒂冈红衣主教学院担任要职，他曾深度参与掩盖天主教会内部发生的大规模虐待儿童丑闻。拉青格曾收到过几十份关于虐待儿童的报告，但即便是在铁证面前，他依然授意教会发布否认虐待儿童的公告，同时把犯罪的神父从一个教区调往另一个教区。他很清楚这些神父到新的地方后，还是会继续虐待儿童。[14] 帕特诺是宾夕法尼亚州立大学著名的美式足球教练，他长期在该校担任教练，多年来一直包庇自己的助理教练，有明确的信息显示，该助理教练经常性侵犯未成年人，但是帕特诺却没有采取任何行动。[15] 当领导者创建并维持的环境总是会发生不道德行为时，可以说这些领导者的选择，会让世界变得更糟糕。对于随之而来的道德违规事件，他们应该感到内疚才对。在这种情况下，"没有注意到"是不道德的选择。

在虐待儿童问题上，许多人都没有采取任何行动，拉青格和帕特诺并不是仅有的两位。在最近曝光的多桩丑闻中，很多人都没有采取任何行动。例如，密歇根州立大学的医生拉里·纳萨尔，在过去的几十年中，遭到他性虐待的年轻女运动员有100余人。有充分的证据表明，尽管收到大量的投诉和其他信号，但是美国联邦调查局、美国奥林匹克委员会、美国体操协会和密歇根州立大学愣是都"没有注意到"此事，并且都没有采取任何行动。2019年的一份国会报告显示，这些组织总是"优先考虑自己的声誉"，而不是年轻运动员的安全和健康。[16]

当我们"没有注意到"他人的不合法、不道德行为时，当我们营造的环境允许此类行为逍遥法外时，我们的行为不啻是在破坏价值，我们应该对此负责。世界上总是有些很邪恶的人，似乎不在乎自己是否伤害了他人。他们之所以可以毫无约束地继续这种无耻行为，是因为其他人即使是在证据确凿的情况下，也"没有注意到"他们的行为。通常，我们之所以"没有注意到"不道德的行为，是因为我们只关注对我们组织最有利的事情，这些组织包括：拉青格的天主教会、帕特诺的宾夕法尼亚州立大学、温特科恩的大众汽车公司。在本书第二章里，我们曾讨论了彼得·辛格关于溺水儿童的案例，对于那些不属于我们部落的人，我们往往"没有注意到"他们的挣扎。虽然我们会跳进池塘，去挽救一个溺水的蹒跚学步的孩子，但我们经常无法采取简单的行动，来拯救更多自己部落以外的人的生命，比如，给遥远的外国捐赠资金，用于预防麻疹或疟疾。这些都不是"没有注意到"的借口，而是常见的有缺陷的人类认知模式，需要我们大家一起来克服。

中篇小说《真实世界》(*The Actual*)的作者是著名小说家索尔·贝娄，他在该书中创造了一个角色，名叫哈里·特雷尔曼，该角色被描述为"一流的观察者"。受这一角色的启发，领导力作家兼专家沃伦·本尼斯断言，最重要的领导力特质是成为一流的观察者。我完全同意。一流的观察者，可以看到其他人错过的机会，在面对数据时，不太可能指鹿为马，而是愿意以更加开放的心态接受真实的数据。[17]也许最重要的是，一流的观察者看到了带来问题的温床，包括由坏演员或他们赖以生存的文化所造成的道德问题。一流的观察者会质疑没有意义的事情，质疑看上去太好其实不真实的数据。

我想帮助你成为一名一流的观察者，我也试图让自己成为一名一流的观察者。一流的观察者有能力注意到被许多人忽略的提示。这意味着，在分析问题时，不会局限于人们提供给你的数据，而是会主动寻求数据，以便找到直接解决问题的最有效的方法。这是一个非常重要的问题，这意味着不接受那些看似太好，实则不真实的解决方案，例如，麦道夫的回报、大众的"清洁柴油"汽车，以及塞拉诺斯公司所鼓吹的技术创新。这意味着在遇到看起来可疑或不清楚的问题时，会主动搜索更多信息，而不是轻易听信他人所言。

第二部分

接纳这个世界的不完美

第六章
努力促进平等

我们喜欢来自自己部落的人。我们喜欢来自同一个家庭、社区、学校、种族、城市或国家的人。这些偏好事出有因，即便我们不考虑自己喜欢谁、雇用谁或与谁一起玩，也会存在这些偏好。许多年前，当研究第一次指出，美国房地产抵押贷款市场歧视非裔美国人时，心理学家大卫·梅西克发表了一篇社论，明智地指出：主要问题不是白人贷款官员对非裔美国人怀有明显的敌意，而是白人贷款官员对与自己非常相似的人，怀有明显好感。[1] 显然，我们的社会中，仍然存在公开的种族主义和性别歧视。对外部群体的敌意是真实存在的，与其他群体相比，非裔美国人更容易受到故意歧视的伤害。梅西克的观察与大量社会心理学研究结果一致。今天，对自己群体的内在偏袒，可能比公开的种族主义更普遍，但同样是有害的。此外，我相信这本书的读者，更容易受到群体内的偏袒的影响，而不是群体外的敌意的影响。我们虽然对群体外的人没有敌意，但这并不意味着我们的部落主义行为，不会间接给群体外的人带来伤害。

部落主义行为有一个有趣的悖论：强大的多数群体屈从于群体内的偏袒，即当歧视群体外的成员时，他们经常关注自己为群体内成员所做的好事，这样，大家就不会关注到他们给群体外成员所造成的伤害。当大多数人或当权者将有限的资金给予与自己相似的人时，这里所谓的相似性是基于宗教、学校、国家等，对那些与他们不同的人而言，包括少数群体、女性和弱势群体，他们能够获得的资金就变少了。当我们根据别人与自己的相似性来挑选慈善事业的接受者时，我们无疑是在限制自己做善事的能力。在大学、公司和其他排他性团体中，就业岗位的数量是有限的，大家都想得到这些岗位，当我们把这些岗位给了与我们自己相似的人时，多样化的空间就会变得越来越小。

2013年，乔舒亚·格林出版了《道德部落》一书，该书阐释了部落主义行为是如何成为妨碍我们最大限度行善的障碍的。[2]正如格林描述的那样，部落主义行为如此明目张胆，是有进化逻辑的：在狩猎/采集社会中，对本地群体或部落的依赖，可能是我们赖以生存的关键所在。但该进化逻辑，并不能成为当今时代依然推行部落主义行为的借口，特别是考虑到部落主义行为会导致性别歧视、种族主义，以及雇用错误的人为我们的组织工作。

在前面的四章中，我们探讨了四种策略，这些策略可以帮助我们做得更好——为自己，同时也为全世界，达成更充实、更合乎道德的目标。在本书接下来的章节中，我们将应用这四种策略，来确定可以在四个相应领域采取的具体行动，以创造更大价值。第一个策略涉及欺诈——我们应直面部落主义，竭尽全力促进平等。

如果仅仅根据媒体对社会灾难的描述，以及我们的直觉，我们也许会觉得世界真是一团糟，但心理学家史蒂芬·平克却不这样认为，2018年他出版了专著《当下的启蒙：为理性、科学、人文主义和进步辩护》，该书令人信服地指出，与过去相比，当今世界的状况要好得多。[3] 平克将这一进步归功于启蒙时代，认为经历启蒙运动后，我们在理性、科学和人文主义方面的能力，有了显著提高。平克还做了大量的研究，思考是什么在阻碍理性、科学和人文主义进步，从而妨碍我们更好地改善社会福利。平克指名道姓地指出，有一个群体对启蒙运动构成了障碍：极端宗教群体。也许很多人会对这一说法感到惊讶，但许多自由主义思想家却很认同该说法。

平克认为，一旦宗教团体认为自己群体内部的成员要比非成员更有优越性，无论这种优越性是基于宗教信仰、种族，还是国籍，都会让我们远离平等和人道主义行为。虽然宗教机构大都会帮助穷人，但平克认为，不应该鼓励教友比非教友更重要这种想法，这种想法正是创造更多美好事物的最大障碍之一。在帮助教友的过程中，某些宗教有时会惩罚不信教的人，不向其提供所需的帮助，任由他们受苦受难、自生自灭，并传播以下观点：皈依某一特定信仰，是通往天堂的唯一道路。

2015 年，美国 33% 的慈善资金流向了宗教组织。这些宗教组织能向捐赠者提供一种满足感———一种通往天堂的阶梯，这是其他慈善机构无法做到的。许多教会向其教徒提出指导意见，规定他们应将薪水的一定百分比捐给教会，这无异于是把通往天堂的阶梯具体化、规范化。虽然总有宗教组织给教徒提建议，建议其将收入的特定百分比捐赠给教会，但却很少有宗教组织建议其教徒将收入的特定百分比捐赠给其他慈善机构，而非该宗教组织本身。

某些宗教团体明确鼓励其教徒偏爱自己的团体及其成员，而不是最需要帮助的人。2018 年，美国网飞公司推出了纪录片《到来的主日》，该片讲述了卡尔顿·皮尔森的故事，他是美国首位非裔主教，负责一座超大教堂，该教堂位于俄克拉何马州东北部城市塔尔萨，该教堂属于五旬节教派，然而后来他改变了信仰，也失去了自己的教堂。20世纪90年代，卢旺达内战爆发，80万人遇难，其中大部分都是无辜的平民，皮尔森对此深感震惊。然而，他的宗教信仰认为，由于这些死难者中，几乎没有人把耶稣视为救世主，因此这些人死后都是要下地狱的。由于无法接受这一观点，皮尔森拒绝接受五旬节教派的教义，但他仍然是一个有信仰的人，并开始宣扬现代派观点，即对异见的接受和包容。皮尔森不愿意宣扬五旬节教派的原则，认为这些原则只定义了进入天堂的标准，而没有定义打入地狱的标准，他最终被自己的宗教逐出教门，可他曾是该教派的重要成员。

许多人之所以被宗教吸引，是因为他们希望为这个世界创造价值。然而，许多宗教组织都会对信徒提出要求，要求他们相信某些特定思想，这些思想很可能会削弱他们行善的能力。这些组织往往宣称，自己的奋斗目标是成为强大的积极性的社会力量，然而实际上这些组织却支持偏袒内部成员，使用恐吓手段阻止成员理性思考，建立高度独裁统治，质疑科学界公认的核心发现，这是典型的言行不一致。

优待富人行动

我所在的组织，很喜欢自己的成员，并对其成员表现出明显的偏袒。这个组织就是哈佛大学。最近的一次法律诉讼彻底暴露了哈佛大学的偏袒，哈佛大学偏爱那些与本校有着千丝万缕联系的人。2018

年，波士顿的联邦地区法院开庭审理了一个案件，哈佛大学是被告，原告指控哈佛大学歧视亚裔美国人，在新生录取过程中，以更高的标准要求亚裔美国人，同时还通过配额来限制亚裔美国学生的数量，哈佛大学不得不为自己的录取政策辩护。上述案件的立案时间是 2014 年，过去几十年来，人们一直都在争论，哈佛大学是否对亚裔美国学生的比例或数量实施配额限制，上述案件只不过是最近的一个案例罢了。顺便说一句，我认为哈佛大学没有出台正式的配额限制，但这并不是我在这里讲述该案例的要点。该案例的独特之处在于，原告认为哈佛大学歧视某个少数群体，以做出有利于白人和其他少数群体的决定。[4]

原告声称，哈佛大学歧视亚裔美国人的策略之一，是在审核申请人的过程中，加入主观的个人评级。亚裔美国人原告群体的律师团声称，哈佛大学使用个人评级来评估申请人的"适合度"，即申请人在多大程度上与现有的哈佛学生——富裕的白人，且家里几代人都是哈佛大学校友——相似。原告将个人评级与哈佛大学歧视犹太人的历史联系起来——20 世纪 20 年代，哈佛大学借助某种"性格和健康"概念，将犹太人拒之门外。这段历史是有据可查的。1922 年，哈佛大学招生委员会否决了哈佛大学校长劳伦斯·洛厄尔的提议，该校长建议招收犹太学生的上限是 15%。有证据显示，洛厄尔不喜欢犹太人，他表示担心新教校友不希望自己的孩子和太多的犹太人在一起。四年后，当洛厄尔还是校长时，哈佛大学在招生标准中，开始采纳"性格和健康"的评价指标。鉴于哈佛大学的校园里，到处都有洛厄尔的名字和图像，近来人们议论纷纷，探讨是否应该拿掉他的名字和图像，因为他明显具有反犹太主义和种族主义。

在哈佛大学这一案件中，杜克大学的彼得·阿西迪亚科诺博士是原告的专家证人，他认为哈佛大学给亚裔美国申请人评定的"个人评级"，降低了他们进入哈佛大学的机会。加利福尼亚大学伯克利分校的教授戴维·卡德是哈佛大学的专家证人，他认为应该把"个人评级"和其他有关特殊地位的标准综合起来考虑，例如，遗产捐赠、捐款入学等，他的统计数据分析表明，原告声称对亚裔美国人的歧视是站不住脚的。

原告方请爱德华·布鲁姆来负责起诉，这一事实使案件变得更加复杂。爱德华·布鲁姆是白人，也是反平权行动的积极分子，他高调反对给少数群体的优惠待遇。在这一案件中，有很多人批评布鲁姆，称他以入学受挫的亚裔原告为棋子，反对针对其他少数民族的平权行动，例如非裔美国人和拉丁裔美国人。其他的常春藤联盟大学都支持哈佛大学，认为如果哈佛大学败诉，将沉重打击整个高等教育及其他领域的多元化和包容性努力。2019年10月1日，法庭宣布布鲁姆和原告败诉：联邦法官阿利森·D.伯勒斯驳回了他们关于哈佛大学有意歧视亚裔美国人的指控。该法官认可了哈佛大学采取的平权行动，并表示该校已将种族因素纳入招生决定，符合宪法标准。[5]

关于平权行动是否具有正义性这个问题，人们的看法是有分歧的，但功利主义者强烈支持平权行动，他们有自己的逻辑。[6]功利主义者认为，歧视行为对被歧视者造成的伤害远远大于给优待对象带来的好处。此外，他们认为，凡是基于遗传属性的歧视，都是低效的资源分配手段，因为真正需要这些资源的人却不可能得到资源。在本书第二章中，马赫扎瑞·班纳吉指出，如果你知道自己的方向盘出现了偏差，正朝着某个特定的方向偏去，纠正偏差的最佳方法是向相反的方向转动方向盘。

在这场法律诉讼中,我之所以站在哈佛大学一边,是因为我希望哈佛大学能够继续努力,创建多元化和包容性的社区。对于那些在困难环境下表现出色的申请者,哈佛大学可以依据平权法案录取他们。在这个案件里,鉴于布鲁姆有他自己不可告人的目的,我觉得他利用亚裔美国人这种做法,显然是很不厚道的。我的关注点是:如何才能培养一个既具有多元性,同时又具有包容性的学生群体。我的目标是:如何才能为整个社会创造更好的结果。我认为,我的关注点和目标是一致的。在整个法律诉讼过程中,我们了解到了关于哈佛大学的许多信息,这些信息很难让我高兴起来。

这场诉讼迫使哈佛大学披露了许多有关招生政策的细节,其中许多做法是歧视性的、精英主义的、有待改进的、不道德的。原告的指控,揭露了哈佛大学对特定申请人的偏好:哈佛校友子女,以及愿意给哈佛大学提供巨额捐款者的子女。[7] 出于历史原因,大多数哈佛校友和捐赠者都是白种人。加入哈佛部落所带来的好处是巨大的:阿西迪亚科诺的专家报告指出,在哈佛大学的申请人中,如果申请人的父母中,至少有一位毕业于哈佛大学或拉德克利夫学院,此人被录取的概率高达34%,而对于其他没有这层校友关系的申请人,被录取的概率只有5.9%。[8] 拉德克利夫学院是一所女子学校,在20世纪,是哈佛大学的姊妹学校,1999年,拉德克利夫学院全面整合进哈佛大学,正式成为哈佛大学的拉德克利夫高等研究院。哈佛大学自己的分析认为,对于排名处于前20%或30%的申请人而言,其父母的校友身份,对申请入学很有帮助,但是对于排名处于中等偏下的申请人而言,即便其父母是哈佛大学的校友,也不大可能成功申请到哈佛大学就读。

申请人父母的校友身份，对成绩处于录取线附近的人会有很大帮助。

哈佛大学和美国许多精英学校都承认在招生录取时偏爱校友的子女，这些学校声称，在它们看来，校友子女的身份与少数种族身份或是其他学生特征一样，可以达到使学生来源多样化的目的——它们所称的"多样化"，是指包括与哈佛大学有深厚联系的人，以及没有联系的人。[9]哈佛还辩称，在招生录取时偏爱校友的子女，"有助于巩固大学与其校友之间的牢固纽带"。[10]此外，和许多其他学校一样，哈佛经常声称：校友捐款使其能够在经济上帮助最贫困的哈佛学生。哈佛大学校长劳伦斯·巴科说："总体而言，校友子女素质很高，他们对学校有深入的了解。这是一个几代人都愿意选择哈佛的宝贵人才库，作为一个群体，无论以什么标准来衡量，相对于其他申请人而言，校友子女都是综合素质非常高的一个群体。"[11]虽然我相信巴科所言有一定道理，但我认为，完全没有必要再优待富有校友的子女，因为这些孩子生长在富有校友家庭里，已经享受到特权了，没有必要再在大学录取过程中额外关照他们。

埃文·曼德利也认同我的看法，他1989年毕业于哈佛大学，目前在纽约约翰·杰伊学院任教，他认为"人无法选择自己的出身，有的人生来就具有优势，例如，生下来就是男人，或者是白人，或者是富有的白人，没有必要再因为出身而获得额外关照，这在道义上是说不通的"。对于在招生录取时偏爱校友子女的做法，其他对此持批评态度的人士认为，哈佛大学应该致力于服务社会大众，现在该校为了让校友满意，而歧视非校友，这是很不道德的行为。[12]在招生录取时偏爱校友子女的做法，还有一个附加影响，即偏爱在校友群体中最具代表性的人种——白人。

在招生过程中，只考虑能力因素，是完全能够办好大学的。在全世界所谓最好的十所大学中，明确表示不会优先考虑校友子女的学校有五所：麻省理工学院、加州理工学院、牛津大学、剑桥大学、加利福尼亚大学伯克利分校。[13] 但是在招生录取时，仍然有许多大学偏爱校友的子女，例如，公立的弗吉尼亚大学。[14]

哈佛大学的管理者一心想要帮助与本校有联系的人，主要是看上了这些人能够带来的价值：构建一个忠诚的社区，吸引捐款。他们可能没有考虑到，为了录取校友的子女，势必要拒绝条件更好的申请人，这样一来他们的做法无疑是在破坏价值。正如我们所讨论的，当我们歧视别人时，往往是因为我们专注于帮助自己的部落，而不是有意要伤害外来者。但当资源有限时，那些在人口统计学信息方面，与有权有势的决策者相似的人，便容易获得资源，最终的结果就是带来了部落主义、偏见和歧视。大学在招生的过程中，如果出现部落主义，就会造成不公正，剥夺其他申请人获得公平竞争的权利，并造成一种同质文化，从而错过帮助构建更美好社会的机会。帮助别人通常是一种美德，但当这种帮助披上部落主义的外衣时，它就变成一种需要纠正的恶习。

富人不仅受益于制度化的部落主义，还受益于他们有能力进一步利用自己在群体中的地位和关系，来干预录取过程，使其对自己有利。2019 年，联邦当局指控 30 多位富有的父母，其中包括两位著名的女演员费利西蒂·哈夫曼和洛莉·洛林，这些人为了让自己的孩子上大学，不惜斥资数百万美元来疏通关系。据称，这些父母花钱聘请了一位顾问专门伪造成绩单和体育特长证书，并通过贿赂手段帮自己的孩子进入心仪的大学。这位顾问名叫威廉·里克·辛格，他通过非法途径，将这些被控犯罪的富人的孩子送进了耶鲁大学、斯坦福大学和南加州大学等名校。另外，在 2019 年，彼得·布兰德被控高价卖房，他长期担任哈佛大学的击剑教练，涉案房子的估价为 54.93 万美元，但他却以 98.95 万美元的高价出售给了富商赵杰。赵杰并没有入住该房子，而是随后将该房子转售出去，因为房地产市场在升值，该房的售价是 66.5 万美元。赵杰购买该房子后，他的儿子就被哈佛大学录取了，并加入了击剑队。很明显，这种行为一旦发生，与哈佛大学在招生录取时偏爱校友子女的做法不同，因为这种行为是违法的。许多类似的违法行为会带来不平等，过去各大学都对这种事情放任姑息，带来了无穷后患，与大学择优录取人才的初衷背道而驰。

我相信，大多数大学教职员工的初衷都是好的。然而，令我非常不安的是，这些种族主义、精英主义的政策依然司空见惯。这就引发了一个显而易见的问题：顶尖大学的招生政策很不道德，可是为什么我们却花了这么长的时间，才引起轩然大波？部分原因是这些政策造成的危害模棱两可，难以察觉。虽然大学招收的校友子女越来越多，但其对择优录取人才政策所造成的侵蚀是渐进式的。此外，在这些歧视性政策下，处于不利地位的合格申请人很少抱怨。虽然他们被某所学校拒绝后，也会感到难过，但是他们并不知道，自己被拒绝的原因，是为了让位于勉强合格甚至是不合格的学生，当然我们也不会知道个中缘由。想象一下，如果勒令大学公开那些虽然被他们拒绝了，但是其实应该录取的学生名单，会有怎样一番情形？这些学生之所以未被录取，是因为大学要腾出名额录取校友的子女，哪怕这些子女条件不如他们；还因为大学要录取击剑教练看上的体育特长生。增加大学招生工作的透明度将曝光优先录取校友子女的政策，让其可耻性昭然天下。这样一来，被拒绝的学生和媒体都会抱怨，公众会很愤怒，体制也会因此而改变。

当一个种族群体的精英比例过高时，精英主义也会沦为间接的种族主义。一二十年后，当我们回首往事时，会惊讶地发现，美国顶尖大学竟然在 21 世纪继续推行精英主义和种族主义政策。之所以会形成这些政策，是因为社会承认特权阶层的权利，认为他们比其他人更应该进入耶鲁、普林斯顿和哈佛等著名大学。这些精英大学在建校之初，就已经在暗地里执行这些政策了，而公然优待校友子女的入学政策是在 20 世纪初才正式出台的，目的是将当时最杰出的两个少数民族——犹太人和天主教徒——拒之门外。

我们的部落主义从何而来

在本书开篇之际，我请你相信某些看似无害的想法，包括人人平等的概念。但是，老实说，这是一个陷阱——我们中很少有人能够在选择朋友、雇用人、提拔人，以及与陌生人互动时，不考虑这些人的种族、宗教、性别、学历等人口统计学信息。一旦我们受到这些信息影响，就不可能做到平等了。许多学科都对该现象展开了深入研究，例如，不仅是社会心理学，还包括社会生物学和进化心理学。

1975 年，爱德华·威尔逊出版了一本关于社会生物学方面的专著。这是一个里程碑式的事件，标志着一门新兴学科——社会生物学的诞生，该学科致力于用进化原理来解释和检验社会行为。具体而言，该学科认为社会行为是进化的结果。[15] 与该学科密切相关的另一个学科是进化心理学，该学科致力于确定哪些心理行为是最能适应进化的结果。也就是说,哪些心理行为最有利于自然选择。关于如何定义"最能适应",进化心理学家的看法与众不同,与丹尼尔·卡尼曼等经济学家和行为决策研究者的定义非常不同。对于本书第二章中提到的决策偏差问题,进化学者提出了批评意见,认为虽然这些认知和行为模式在经济学上可能是不理性的,但是在生物学上却是非常理性的,也就是说,适合物种的繁衍永存。对许多进化研究者而言,人类行为应该设定的目标不是理性,而是有利于人类繁衍。也就是说,进化产生的反应,可能有助于引导我们远离经济理性所鼓励的行为,从而支持生物理性的反应。[16]

生物学观点与赫伯特·西蒙的观点一致,都认为在一定程度上,理性受制于我们的认知局限和时间局限。生物学观点认为,我们的某些认知偏见很可能是解决某个问题的最佳方案,因为早在很多代人以前,我们的祖先就面临着计算和时间方面的限制。[17] 例如,关于自我控制的决策研究认为,虽然人们应该最大限度地发挥自我控制的效用,但考察人们在一段较长时间内的表现,不难发现他们总是犯错,总是倾向于过度关注当前的欲望,而不关注未来的需求。这种明显缺乏自我控制的行为,会导致做出各种短视的决定,例如,暴饮暴食,不能储蓄为退休做好准备。进化心理学家认为,这种短视的行为,对我们的祖先来说是有意义的,因为如果他们为了将来得到更大的回报,而不吃眼前的食物,他们很可能早就被活活饿死了。[18]

经济学家会争辩说,他们也很重视物种的生存和繁衍,但在效用最大化的众多目标中,生存和繁衍只不过是其中的两个目标而已,其他目标还包括当前的享受、实现职业目标、让世界变得更加美好等。更广泛地说,在很久以前的狩猎/采集社会中,也许某种行为在生物学上是合适的，但没有理由要求我们在今天的为人处世过程中，也必须接受这些次优行为，因为我们现在可以充分发挥系统2思维过程，以便最大限度地为我们自己和他人创造价值。事实上，许多生物学上貌似有利于人类目前生存的行为，会危害人类未来的福祉，例如，能源开采会加剧气候变化，过度捕捞会引发国际冲突和海洋枯竭。

人类如何才能做出最佳决策？在本书中，我提出了三个视角：经济理性、功利主义和有利于人类繁衍。进化可能促进了系统1的决策模式，但在当今世界，该模式却不能引导我们走向经济理性的结果。当我们将目标从个人效用的最大化，即经济理性，转向功利主义所倡导的道德目标，即公平公正地实现价值的最大化——也就是说，实现所有人价值的最大化时，我们会再次遭遇以下冲突：进化引导我们做的事情，与创造最大总体价值之间的矛盾。[19]

威尔逊的《社会生物学》(*Sociobiology*)和辛格的《扩大的圈子》(*The Expanding Circle*)都强调了同一个论点：从生物学角度看，应该与自己的部落合作，即使这意味着与狭隘小我的利益背道而驰。[20]这里的部落，可以是自己的家庭或单位，换言之，那些与自己部落合作的人，有时会为了集体的利益而牺牲个人的利益，这份牺牲可以为部落所有成员，整体上带来更大的好处。此外，如果部落成员积极合作，该部落生存和繁衍的机会更大，而不合作的部落，则会在生存和繁衍方面面临更大困难。因此，与自己的部落成员积极合作，是符合生物学的行为，这很好地解释了以下现象：今天，为什么我们通常更关心我们自己、我们的家庭，以及我们所处的一个有明确范围的团体，该团体往往要比人类这个物种小得多。回顾我们在本书第三章中探讨的问题，我们可以大致认为，这是一个多回合囚徒困境中的合作问题。同样的进化原理，可以解释我们为什么不愿意为群体外的成员做出类似的牺牲：因为这样做，没有生物学上的竞争优势。我同意社会生物学家和进化心理学家的观点，他们认为这可以部分解释以下现象：我们为什么愿意重视和奖励自己的部落，而不是那些相距遥远的外人。

在历史的长河中，人类先祖发展了直观经验法则，但我们不应该局限于该法则：我们有能力充分调动系统2思维。对大多数人而言，系统2思维过程，可以引导我们走向更光明的未来：实现人人平等，重视所有人的痛苦，实现公平正义。这一点与功利主义看法一致，意味着更合乎道德的做法如下：如果我们能为远离本群体的人做大量的好事，远比为我们自己的部落做少量的好事更好。这颗功利主义的北极星，经常与我们的进化本能和系统1思维背道而驰。

隐性部落主义

关于部落主义最重要的发现，可能是它经常会在毫无意识的情况下发生：没有人故意要偏袒一个群体，而不是另一个群体。在当代研究普通偏见的专家中，马赫扎瑞·班纳吉和安东尼·格林瓦尔德是两位领军人物，他们认为，那些有权分配资源的人，往往在没有意识到自己的偏袒或偏好的情况下，隐性地偏爱自己的群体。[21] 内隐心理学表明，我们对以下三组概念有不同的态度：男性与女性，白人与黑人，以及"我们的群体"与"他们的群体"。在普通偏见这个提法中，班纳吉和格林瓦尔德用"普通"一词来阐明一个道理：我们用来分类、感知、判断信息的常规思维流程，会导致对我们自己所属群体的系统性偏好。班纳吉、格林瓦尔德和布莱恩·诺斯克三人合作，开发了一系列测试，为的是帮助人们直面其部落主义。现在人们已经进行了数千万次的测试，如果你想要亲自参与测试，请访问以下网址：www.implicit.harvard.edu。

对自己的部落成员，我们会给予尊重，并维护其尊严，但由于有隐性的部落主义，我们在面对部落以外的人时，常常无法给予同样的尊重，并维护其尊严；我们想要最大限度地行善，这就要求我们对部落以外的人，给予同样的尊重，并维护其尊严，但我们却做不到。多莉·丘是我的同事，也是我的好朋友，她出版了一本专著，名为《你想成为的人：好人如何消除偏见》(*The Person You Mean to Be: How Good People Fight Bias*)，这里的"好人"指的是追求多样性和包容性的好心人，多莉称之为善的"信徒"。该书以内隐心理学文献为基础，描述了那些好人为什么仍然会错失良机，不能以自己所追求的平等态度来对待他人。其结果自然是好人无法创造尽可能多的价值。多莉鼓励我们所有人，不要仅仅停留在口头上追求平等，而是要积极采取行动，争当创建平等的"建设者"，尊重所有人，并维护其尊严。她敦促我们，为自己的错误和疏忽负责，以便我们能够克服自己的局限性，创建更加平等的未来。[22]

对我来说，在她鼓舞人心的作品中，多莉讲述的最动人的故事可能是一个非常简单的行为：正确地说出别人的名字。我们大多数人在遇到陌生人时，都非常善于识别和记住自己部落成员的名字。然而，在这个日益多元化的世界里，我们经常需要与其他部落的人交往。作为一名教师，我有机会定期与来自世界各地的学生交流。我授课的班级，通常是工商管理硕士生或者是企业高管，学生人数在60~95人之间。哈佛商学院有一点做得非常好，即上课时所有学生面前都有一个名牌，上面写着他们的名字，这减轻了我和其他老师记住学生名字的负担。然而，它并不能减轻正确念出这些名字的挑战。我不喜欢念错别人名字的感觉，所以我倾向于回避这一挑战。多莉指出，我们中的许多人都会这样做。对于那些名字很难念的学生，我要么使用学生名牌上提供的美国化英语昵称，要么就用手指着他们，而不是试图正确地念出他们的名字。一年以前，如果你问我，为什么不试着念一下学生的名字，我会告诉你，我不想因为发音错误而得罪学生。其实，老实说，我是在偷懒，不想在上课前花时间准备，弄清楚学生的名字应该如何正确发音。

多莉在她的书中，强调了一些显而易见的事实，但是我在读到这些事实时，还是深受震动。第一，人们非常重视自己的身份，而名字是身份的一部分。第二，只要你愿意多花三四十秒钟来关注这些名字，你会发现大多数名字实际上并不难念。许多所谓"难"的名字，其实不过是几个很容易发出的音节的集合体。第三，大多数学生都喜欢听见老师叫自己的名字，即使老师的发音不标准，甚至带有美国口音，学生不喜欢老师故意回避自己的名字。然而不幸的是，我们中的许多人，屡次无法直面这一简单的发音挑战，而是通过用手势来叫学生，还自欺欺人地以为这种做法成本更低。有的学生的名字，也许确实很难念，可能会有五个音节，然而，一旦我们从这些学生的角度出发，就很容易认识到，让他们教我们发音或是自己真诚地尝试念出他们的名字，才是更明智的策略。

我正在努力高效应对念名字的挑战，这种努力的成本是很低的。

对我来说，多莉对如何才能正确念出某人名字的关注，让我认识到：在日常生活中，我们认为微不足道的小事，可能会给别人带来伤害，其实，只要我们多加思考，就能改变自己的行事方式，从而为世界创造更多价值。我相信，只要牢记多莉的建议，我的行事方式就会少一些部落主义，多一些公平公正。

走向平等：部落主义的对立面

要让自由主义者和进步派政客支持平等是很容易的，他们甚至支持人人平等。然而，除了公开的民族主义者，政治家很少公开批评人们支持自己的小团体，即使这种行为会带来不平等。我们把自己对教会、社区和家庭的承诺视为道德美德，我们很少停下来想一想，为了兑现这些承诺，我们所采取的行动是否会带来不平等。在招生政策方面，哈佛和其他精英大学，不仅优待校友和捐赠者的子女，也优待教职员工的子女。哈佛大学的所在地，通常被戏称为"剑桥人民共和国"，我在哈佛大学有很多朋友，大都是自由派教授，他们坚信人人平等，但决不会质疑哈佛大学给予教职员工子女的入学优待政策。

虽然我们大多数人都认为平等是一个非常好的理念，但要采取哪些行动才能实现平等，甚至平等这个概念到底是什么意思，则是仁者见仁，众说纷纭。当我们说自己相信每个人都是平等的，我们是什么意思？很显然，人们的智力水平不同；有些人在音乐、计算、运动方面比其他人更有天赋；平均来说，男人比女人高；类似的差别不一而足。性别歧视者、种族主义者、反对平等的人，利用这些差别，反对把平等作为目标，辩称平等并不是对这个世界的准确描述。[23] 此外，平权行动积极分子，当然没有兴趣确保所有求职者都得到平等对待；他们只希望那些在过去受到歧视的人，能享受到补偿性的救助措施。然而，正如我们所看到的，平等一直是伦理学的重要内容，也是功利主义的核心。那么，当我们说想要实现平等时，我们究竟是什么意思呢？

功利主义者认为，每个人的利益都是平等的，他们对利益的定义如下：快乐的最大化和痛苦的最小化。"利益平等"相当于多元化培训计划中使用的术语"公平公正"，这意味着任何群体的利益，都不应该比其他群体的利益，受到更多的重视；所有人的痛苦和快乐，都应该具有同等分量。然而辛格却认为，这并不意味着对每个人都一视同仁。[24] 他举了一个地震后的例子，在那里，吗啡可以用来减轻幸存者的痛苦，但是吗啡的数量是有限的。应该如何分配吗啡呢？是平均分配给所有在痛苦中挣扎的幸存者呢？还是根据患者的需求水平来分配？我赞同辛格的主张，即如何分配吗啡，要根据吗啡如何才能发挥最大作用来决定。所有人的利益都是平等的，但这并不意味着每个人的待遇都是一样的，也不意味着平均分配吗啡。尽管已经说得很明白了，但我还是要提醒大家注意，利益平等只是一个标准性的概念，而不是对当今世界的准确描述。

即使我们愿意接受这样的观点，即所有人的利益都应该得到平等对待，但部落主义的存在也会威胁到我们践行该观点的意愿。生物和社会因素促使我们努力减轻家庭成员的痛苦，有时也会努力减轻我们社区、城市或国家成员的痛苦，而不是这些组织以外的人的痛苦。虽然许多人都同意，解决非洲裔美国人的痛苦，与解决欧洲裔美国人的痛苦一样重要，但我们中很少有人能像帮助受苦受难的家庭成员那样，尽最大努力解决遥远国度人民的痛苦。利益平等是一个抽象的概念，很难评估所有人的利益。人们容易过分看重与自己相似的人的利益，而不是自己这个圈子外的人的利益，因为我们更容易理解同类人的利益，这种情况很容易理解，但是却不能轻易作为一个理由。通过研究我们如何偏离利益平等的标准，可以帮助我们变得更好，从而创造更多价值。

将利益平等的界限扩大到动物世界

当我主张关注利益平等而不是待遇平等时，我只关注人类，这就已经违反利益平等的概念。其他动物怎么办呢？

1789 年，功利主义创始人杰里米·边沁写道：

> 总有一天，其他动物也会获得这些权利，这些权利只有通过暴政才能被剥夺。法国人已经意识到，一个人皮肤黝黑并不是应该遭到遗弃的理由，遗弃他的人是反复无常的虐待狂，此人不应该逍遥法外。也许有一天，人们会认识到，腿的数量、皮肤的绒毛等……同样不应该成为一个有情感的生物遭到遗弃的理由。还有什么东西，可以跨越那条无法逾越的防线？是理性的能力，还是话语的能力？……问题的关键不在于，它们能推理吗？它们能说话吗？问题的关键在于，它们能忍受吗？[25]

种族主义者把某些种族的利益置于其他种族的利益之上，从而不能给世界带来更多的好处。物种主义者忽视非人类的有知觉生物的利益，导致他们不能充分发挥自己的潜力，做更多的好事。当然，我们都是物种主义者，因为即使是最坚定的功利主义者，也偏爱有知觉的动物，而不是无知觉的植物。这种偏袒是有根据的：无生命的植物不能承受或体验快乐，因此它们的利益不需要我们来考虑。出于同样的原因，我更喜欢人类和其他哺乳动物，而不是昆虫，因为昆虫通常寿命较短，能够经历的身心痛苦和快乐，也远比人类和其他哺乳动物少。

可以说，有许多很好的理由，可以得出人类比非人类动物更重要的结论。由于我们的长寿和认知能力，人类可能比非人类动物有更多的机会体验快乐。我们也可能比大多数非人类动物更容易遭受精神痛苦。例如，大多数患有癌症的非人类动物，会遭受身体上的负面影响，但不会因为害怕或知道自己会死亡，而承受精神上的痛苦。然而，大多数人拥有能够体验更多快乐和痛苦的能力，不应该使我们减少对非人类动物利益的关注。我们中的大多数人在重视非人类动物利益方面，还有很大的提升空间，还有能力来做更多的好事，例如，可以减少肉类消费，反对在工厂化农场虐待动物，保护野生动物栖息地等。

追求平等的限度

超越自己的部落局限，平等对待所有人的利益，这无疑是一个很难达到的标准。我们常常忽视自己的认知局限性；忽视明智的交易，可以减少部落主义，并获得更好的结果；忽视腐败会滋生部落主义。但是，你我都知道，我们其实可以做得更好，可以朝着更平等的方向前进。我能够看到自己的缺点,并相应改正自己的行为。即使很清楚自己目前的局限性,我依然在思考,如何随着时间的推移,继续朝着更大的平等迈进。用多莉·丘的话来说,我们不要仅仅停留在口头上追求平等,而是要积极采取行动,争当创建平等的"建设者"。希望你也能和我一样,看到类似的改进机会。

第七章
减少不必要的浪费

2017年9月初,亚马逊宣布将在北美设立该公司的第二总部,亚马逊邀请北美各大城市和地区参与第二总部的竞标。该公司估计,竞标"赢家"将获得5万个工作岗位——这是一个十分诱人的奖励。总共有238个城市和地区参与了竞标,竞标者都高价聘请了顾问,为亚马逊量身打造了大量的高附加值服务,并花费巨资撰写了全面翔实的标书。这些标书包括大量有关该城市和地区各方面的数据,例如,人口信息、基础设施规划、分区代码等,许多标书还提出了税收优惠,有的税收优惠超过20亿美元。据估计,这次总的投标成本高达数百万美元。2018年1月,亚马逊宣布有20个竞标者入围。2018年11月,亚马逊宣布第二总部花落两地,分别是华盛顿哥伦比亚特区附近的郊区水晶城和纽约皇后区的长岛城。据说纽约向亚马逊提供了价值17亿美元的优惠政策,而水晶城所在的弗吉尼亚州和阿灵顿县则提供了5.73亿美元的优惠政策。

许多批评者质疑亚马逊的竞标事宜,怀疑该公司是否真的需要花费13个月的时间,并且让238个竞标者参与,才能得出希望第二总部落户纽约和哥伦比亚特区的结论,毕竟该公司已经在这两个地方开展了很多业务。亚马逊兴师动众的竞标事件，旨在吸引公众注意力，同时收集北美城市和地区的数据，以便用于未来的项目，同时还提高了纽约和哥伦比亚特区争当第二总部的成本，这是一场彻头彻尾的猜谜闹剧吗？即便真正有意参与投标的城市有5~10个，亚马逊有何理由去打扰其他200多个竞标者呢？难道亚马逊就是想诱使这些城市和州浪费大量的时间和金钱，去追求一个完全没有可能实现的白日梦吗？对于中标者来说，是否真的值得花费20亿美元来补贴亚马逊的第二总部呢？

这些问题的答案是不言自明的。亚马逊导致参与竞标的城市和州浪费了大量的金钱、时间和精力。这些金钱、时间和精力原本可以有更好的用处，例如，用来改善"竞标失败"社区的道路、学校和医疗保健。亚马逊显然能够从招投标中获利，但凡有三五位竞标者参与，该公司就有望从纽约和哥伦比亚特区获得更优惠的落户条件，那些排在后面的200多个竞标者，并没有能力使亚马逊从中标者那里获得更优惠的条件。此外，媒体以及未能中标的城市和州，都对亚马逊充满了批评和怨愤，这完全抵消了招标初期产生的积极宣传效益。

浪费会破坏价值，使社会变得更糟。亚马逊的招标行为可能是合法的，但远没有提升价值。浪费——从最普通的浪费（比如，购买从来不会使用的产品）到公司和政府在更大范围内制造的浪费——是我们需要解决的关键问题之一。我们可以将在前几章学到的知识，运用到杜绝浪费的问题上，从而给我们自己和整个世界带来巨大变化。

无效的公司补贴

为什么美国有那么多城市和州愿意花费数十亿美元来彼此竞争，争夺工作机会呢？部分原因是各州的税收是独立的，即自己收税自己用。此外，州一级的政客，都是由本州公民选举产生的，因此这些政客没有与其他州合作的动力。许多城市和州也深受经济学家的影响，这些经济学家认为科技公司能提高所有人的工资和生活质量。汤姆·凯梅尼和塔纳·奥斯曼为伦敦政治经济学院撰写了一份工作报告，该报告指出，科技公司的就业岗位会降低城市的实际工资，因为对于那些在科技部门以外工作的人来说，包括房租在内的生活成本会大幅上涨，上涨速度超过了工资增长的速度。[1]

对许多纽约和哥伦比亚特区的人而言，亚马逊新总部的落户无疑是一场胜利——至少，政客们肯定是这么认为的。但是，考虑到这两个地方总共给亚马逊提供了 22 亿美元的税收补贴，平均分配到 5 万个工作岗位上，相当于每个工作岗位的成本超过 4 万美元。这 22 亿美元是否还有更好的投资去处呢？例如，用于其他更迫切的社区需求：学校、医疗、住房或其他形式的就业岗位。更不用说，这 5 万个工作岗位并不会都给当地居民，很多亚马逊外地分公司员工，会从其他地方搬到这两个地区，开始在第二总部工作，如此算来，当地居民为每个工作岗位支付的成本将远远超过 4 万美元。

早在 2018 年初，在亚马逊公布其招标决定六个多月之前，纽约大学教授斯科特·加洛韦就公开宣称，此次招标是一场"诡计"和"骗局"，并预测该公司第二总部将落户纽约或华盛顿特区。[2] 他特别指出，可能华盛顿特区胜出的概率更大一些，因为该地距离亚马逊首席执行官杰夫·贝佐斯的家和美国首都都很近。加洛韦说,"游戏在开始之前就已经结束了":他早就看透了,亚马逊之所以让那些自己压根儿不会考虑的地方参与投标,目的是想借机抬高减税优惠水平。亚马逊同时选择纽约和哥伦比亚特区的决定,让加洛韦看起来更有先见之明了。尽管加洛韦的观点无法得到证实,但大量证据表明,亚马逊发起的这场招标活动,涉及许多城市、州,以及美国国会,导致数十亿美元纳税人的资金被白白浪费了。

如果亚马逊遵守协议,上文关于浪费的评估就会成真,然而,亚马逊却没有遵守协议。纽约为吸引亚马逊而付出的努力和金钱,只带来了短暂的胜利,很快这一切就化为乌有,被白白浪费掉了。纽约参与竞标以及随后的中标,引发了意料之中的抗议。很多人反对该交易,纽约州新当选的众议员亚历山德里亚·奥卡西奥-科尔特斯就是其中之一,反对者认为不应该给亚马逊这么多的税收减免和赠款。纽约锡耶纳学院发布的一项民意调查显示,在纽约市注册选民中,有58%的人支持亚马逊第二总部落户纽约,然而在2019年2月14日,亚马逊却宣布撤回在纽约设立第二总部的决定,称其需要"与总部所在的州及地方的民选官员建立积极的合作关系,并需要各级官员的长期支持"。[3]亚马逊进一步辩称,"纽约州和地方的许多官员已明确表示,反对我们的存在,不会与我们合作建立推进项目所需要的那种关系"。亚马逊没有试图重新谈判或解决冲突,而是就这样转身离开。虽然少数纽约人庆祝亚马逊的离去,但许多人却为参与这次浪费性的冒险付出了代价。

通常每年,美国的城市和州会花费数百亿美元,用于减税和现金补助,以吸引外州的企业跨州搬迁。在过去十年中,波音、福特、通用汽车、英特尔、耐克、日产、荷兰皇家壳牌石油和特斯拉都享受到了优惠政策，这些企业每家的补贴金额都超过了10亿美元，用于搬迁总部的补贴，或者是不搬迁总部的奖励。[4]其实，有时候成功的"中标人"，可能并不需要花这笔冤枉钱，也能达到目的。据报道，为吸引亚马逊第二总部落户本州，新泽西州和马里兰州提供了70亿美元的税收优惠，但亚马逊却选择与纽约和华盛顿特区合作，毕竟该公司在这两个地方已经建立起了强大的基础，这样的选址决定，是基于更为重要的商业标准而做出的。2019年12月，在亚马逊第二总部放弃纽约不到一年后，该公司宣布将在曼哈顿中城租用办公空间，该办公空间会有1500多名员工入驻，这次该公司没有收到纽约市或纽约州政府的任何财政补贴。当初，亚马逊曾承诺为纽约皇后区创造25000个工作岗位，目前这1500个工作岗位只是其中很小的一部分，但随着时间的推移，亚马逊预计将继续扩大其在纽约市的业务。这一切，都不需要纳税人的补贴。[5]

至于这种浪费纳税人金钱的行为，最离谱的版本可能是堪萨斯州和密苏里州之间的"边境战争"。有的读者可能已经忘记曾经学过的美国地理，密苏里州的堪萨斯城位于这两个州的边境地区，该城的员工经常从一个州通勤到另一个州。2011年，堪萨斯州以数千万美元的优惠政策，诱使AMC娱乐公司从密苏里州搬到了堪萨斯州。不久之后，密苏里州进行了报复，以1250万美元的优惠政策，让苹果蜂连锁餐厅把总部向东迁移了5英里，搬到了密苏里州，但是由于没有长期承诺，2015年苹果蜂连锁餐厅总部再次搬迁，这次搬到了加利福尼亚州。在创造就业岗位和增加税收收入的竞争中，堪萨斯州和密苏里州已经花费5亿多美元，来吸引外州公司搬到本州。这种做法，不仅没有创造新的工作岗位，还给员工带来很大负担：通勤时间变长、职业变数、搬家费用等问题。

另外一种对纳税人金钱的巨大浪费，是利用公共资金来为私营球队提供体育场馆。这种趋势始于1953年，当时威斯康星州的密尔沃基市成功吸引了波士顿勇士大联盟棒球队落户该市，代价是由当地政府出资，为该队兴建一座崭新的体育馆。1959年，勇士队被出售后迁往亚特兰大市，该市斥资1800万美元为该队建造了一座新的体育馆。过去几十年来，私营球队老板乐于看见各个城市相互竞争，他们乘机游说市政领导，耗资数十亿美元，为其翻新或新建体育馆。2009年，纽约扬基队的新体育馆完工，耗资约25亿美元，其中近17亿美元由纽约市发行的免税市政债券融资。[6]

值得注意的是，纽约市使用的资金形式是免税市政债券。纽约不仅付出了17亿美元的本金和利息，另外，债券持有人还不需要为债券收入纳税，仅此一项，估计联邦政府的税收损失就高达4.31亿美元。因此，可以说全国各地的美国公民，都在为纽约扬基体育馆的建设买单。在补贴职业体育场馆所带来的损失中，4.31亿美元无疑是联邦政府金额最大的一笔补贴了，但却不是唯一的一笔，联邦政府还给其他球队的场馆提供了补贴：给芝加哥熊队的士兵球场补贴了2.05亿美元，给纽约大都会队的花旗球场补贴了1.85亿美元，给辛辛那提猛虎队的保罗·布朗球场补贴了1.64亿美元。[7]根据布鲁金斯学会的报告统计，自2000年以来，因使用免税市政债券补贴体育场馆，给联邦纳税人带来的损失就高达32亿美元。[8]

你可能会认为，参与这种无效竞争的公司甚至城市、地区和州，都只是在理性行事。毕竟，一支新的运动队可以振兴一座城市。但布鲁金斯学会却认为，几乎没有证据表明，兴建体育场馆能为当地经济带来净效益。因此，由联邦政府补贴营利性体育场馆的做法，在经济上是站不住脚的。这么做，无异于纳税人为公司提供福利，而这些公司和运动队的老板都是巨富。

为什么各大城市和州会造成这种浪费呢？一旦政客争取到新的企业总部或体育场馆落户本地，他们通常表现得像英雄，而当地公民也感觉自己是赢家。这是因为他们都倾向于关注"获胜"的短期利益，而忽略了社区为此付出的机会成本和长期成本。机会成本指原本应投入学校、医院等的资金流向了别处，长期成本即债务。这好像是人之常情，人们通常倾向于为了短期利益，罔顾未来发展，从而付出牺牲长期利益的代价，因而无法做出明智的权衡，这种倾向使得人们犯错误的可能性更大。

除了这一短视之外，还有另外三个原因，也导致了这类浪费。[9]

社会困境

在本书第三章中，讲到囚徒困境博弈时，我解释了为什么会有人选择背叛，即选择自私自利行为而不是合作行为，并指出背叛通常会破坏价值。美国各城市、地区和州之间争夺企业总部和运动队的竞争，往往更多的是一种多党的社会困境，而不是两党的囚徒困境。如果每个城市或州，都以自身利益为出发点参与竞争，那么所有城市和州，最终都会得到同样的次优结果，即所有纳税人都为公司老板提供福利，而这些老板却非常富有，拥有营利性的企业。

这种模式又被称为"公地悲剧"，生态学家加勒特·哈丁提出了这一概念。想象一下，有一群牧民在一个公共牧场放牛。如果牧民违背放牧协议，擅自增加牛的数量，是可以获得短期优势的。但是如果有太多的牧民都这么干，都擅自增加牛的数量，牧场最终将会毁于过度放牧。对牧民个体而言，其放牧的牛越多越好，但对牧民整体而言，对大家都好的方式，是把牛的数量控制在可持续发展的水平。[10] 类似地，对于竞标亚马逊第二总部的地区而言，貌似每个中标赢家都能从中获益，但实际上当这么多城市都参与竞标时，势必会推高赢家的成本，从长期来看，所有竞标者都是输家，因为它们都在耗费公共资源。

欲望与理性的冲突

当市政当局竞相争夺运动队时，其领导人往往明白，他们应该将有限的资源用于学校、桥梁和医院。但是他们就像上瘾的烟民一样，明知道自己应该戒烟，净化肺部，延长寿命，但就是控制不住，想要再吸一口这个令人上瘾的东西，市政当局往往也是太关注自己的短期需求了。政客们能从满足选民眼前愿望中获益，很少因将长期债务推给下一代人，而遭受个人的痛苦。对所有人来说都是如此，我们的欲望往往支配着我们的理性，从而带来了破坏性的竞争模式。

赢家的诅咒

想象一下，你作为竞标者参与了一场拍卖活动，人们对拍卖物品的价值看法不一。毫不奇怪，竞标者对拍卖物品的价值会有截然不同的看法。"好"消息是你赢得了拍卖。你应该为此感到高兴吗？大量的研究表明，你没有什么可以值得高兴的。当拍卖价值不确定的物品时，与其他竞标者相比，中标人很可能大大高估了拍卖品的价值。[11]

这种现象被称为赢家的诅咒。竞标者通常没有意识到，估价最高的一方最有可能是"中标人"。

现在我们来考虑另一种情况，即城市评估橄榄球队价值的情况。只要球队的价值存在不确定性，人们就有可能低估或高估其真正价值。所谓"获胜"的城市，往往是对球队价值估计最为乐观的城市。因此，在这种价值高度不确定的竞拍中，由于面临许多竞拍者的竞争，赢家要想胜出，通常会支付比拍卖品实际价值更高的价格。[12]

赢家的诅咒大概能够解释政府为何参与这些无效竞争，因为这些参与者违背了公共利益，过分强调欲望，而忽视了理性。那么，应该如何改变这种情况呢？美国人总是一厢情愿地认为竞争总是好的，现在就改变这个天真的假设，可能是一个明智的开始。1957年签署的《罗马条约》，建立了欧洲经济共同体，其目标是创造一个高效的竞争环境。该条约第92条规定了成员国的四项核心自由——人员的自由流动、资本的自由流动、服务的自由流动，以及货物的自由流动——该条款规定，任何国家出台的援助政策，一旦扭曲或威胁扭曲共同体内部的竞争，就违反了该条约。该条款旨在限制各国之间的无效竞争，促进有效竞争。美国的情况与此形成鲜明对比，虽说美国各州都属于一个共同的国家，但美国的权力向各州倾斜，再加上具有对竞争单边利益的天真看法，使得美国各州之间展开了大量的无效竞争，造成了巨大的浪费。

艾米·刘是布鲁金斯学会都市政策项目的主任，她提出："我们需要执行全国性的休战，无论是州内，还是州与州之间，都应该休战。绝对不允许私营公司滥用公共资金，中饱私囊。"[13] 显然，为了彻底解决这一问题，联邦政府需要做出改变，防止州和市一级政府陷入无效竞争局面。一个选项是通过国会立法，禁止各州之间展开竞争，就像 1957 年出台的《罗马条约》那样，禁止欧洲各国的无效竞争。如果禁止听起来限制性太强了，国会可以通过税收方式，对参与无效竞争的州或地方政府征税，即对其提供的优惠政策征收特殊的收入税，从而有效地剥夺其竞争获利，迫使其必须向联邦政府上缴获利。这种联邦税，将促使城市改变发展战略，创造新的价值，而不是低效地从其他城市窃取价值。

食物系统中的浪费

2019 年元旦，波士顿素食协会举办了素食午餐会，我和雷切尔·艾奇森都出席了该餐会。以前在参加其他与有效利他主义和减少动物痛苦有关的活动时，我曾遇到过雷切尔，但我并不十分了解她。她还不到 30 岁，曾在波士顿大学主修哲学，是一位坚定、高效的利他主义者，同时也是减少动物痛苦运动的核心人物。她以前曾为人道联盟工作，现在为纽约布鲁克林区区长埃里克·亚当斯工作，担任其副战略顾问。她的主要工作是把布鲁克林打造成健康与良好生活方式的领导者和倡导者，她从不掩饰自己的次要目标：通过改变纽约居民和游客的饮食习惯来拯救更多的动物。雷切尔是一位善良、热情的社会活动家。她为自己过去的搜寻垃圾活动感到自豪，这项活动旨在通过"抢救"餐馆丢弃的食物来减少垃圾，换句话说，就是吃掉餐馆丢弃的食物。

那天，波士顿素食协会在一家非常好的素食餐厅举办活动，该餐厅位于波士顿奥尔斯顿附近，名叫"蚱蜢"（Grasshopper）。该协会在餐厅里预订了大约 10 张桌子,每张桌子能坐 8 个人。在我们 8 个人的餐桌上,食物非常多,上菜都是家庭式的大份端上桌,虽然我已经尽了最大的努力使劲儿吃,但我们这桌根本吃不了这么多的食物。该协会致力于帮助社会减少浪费,为尊重其价值观,在用餐结束时,餐厅给大家拿来了外卖盒子,方便大家打包剩菜带回家。我没有打包食物,因为知道那天晚上我的夫人玛拉有做晚餐的计划,否则我是很乐意打包的。雷切尔愉快地帮同桌的伙伴们都打好包,然后明确表示她不会把剩菜浪费掉。她打包了满满四大盒的食物,每个餐盒的容量都有一夸脱大小。她不仅打包了我们这桌的剩菜,还打包了邻桌的剩菜,并开始考虑当天晚上她会邀请哪些朋友分享这些食物。

雷切尔这样做,并没有显得她很贪婪,相反,而是表现出了她对避免浪费食物的巨大热情。浪费使我们远离价值创造。这个场景清晰地反映了雷切尔是如何生活的:把素食主义、功利主义和减少浪费完美地结合在一起。我很佩服雷切尔,虽然我自己并不想要她那样的生活方式。午餐结束时,我对我俩的共同兴趣有了更多了解,比如,我俩都对新兴的植物性食品很感兴趣,然而这次午餐给我印象最深的却是亲眼看到有人如此努力,减少食物浪费,让自己变得更好。

浪费食物是一个很普遍的问题,很多善良的好人也会浪费食物,并且还没有意识到这样做有何不妥。我们可以做的事情其实有很多。目前,仍然有很多人在忍饥挨饿——这种现象不仅发生在其他国家,在我们自己的社区里也有食不果腹的人——而与此同时,几乎一半的粮食都被白白浪费掉了,我们是时候应该关注此事了。提到浪费食物,我们大多数人只会想到饭后自己盘子里未吃完的食物。[14] 但浪费远不止这些,以下做法都加剧了对食物的浪费:冲动型购物、餐馆提供的大份食物、变质的食物、过期前没有来得及食用的食物,以及将自助餐视为"肚子能装多少就尽量装多少",而不是"自己究竟愿意吃多少"等。

每一桶放在路边的生活垃圾,都意味着在其上游制造环节中,会产生 70 桶垃圾,才能生产这一桶生活垃圾所承载的东西。[15]每年,全世界大量捕获鱼类和海洋无脊椎动物,大约重达 1 亿吨,但其中只有 20% 被加工成了食品。在这 20% 的食品中,真正被人吃掉的大约只有 30%,该数字现在降到了 6%,其余的都被作为废物丢弃了。在种类繁多的鱼和无脊椎动物中,有许多东西是我们不吃的,因为它们的味道、颜色或大小不受欢迎。[16]

美国 50% 的土地用于生产粮食,30% 的能源用于加工粮食。然而,农民往往会丢弃 1/3 或更多的收成,原因是这些农作物不符合公众的审美标准。特里斯特拉姆·斯图尔特指出,这些农作物"虽然被丢弃了,但其实完全可以食用,只是因为其形状或大小不符合消费者的审美"。[17]造成这种浪费的部分原因,可归咎于美国人扭曲的思想观念,他们想当然地认为高质量农产品都应该长成一个模样。最近十来年,丑陋、美味的老式西红柿才变得令人向往;人们之所以习惯了几乎毫无味道的量产西红柿,很大程度上是因为它们外表看起来还不错。在食品的加工和运输过程中,存在大量的浪费现象,此外,超市的果蔬和肉类柜台积压了太多的存货,也会造成大量浪费。哈里什是一位博客作者,专门对动物权益运动信息进行量化研究,他指出:

> 大多数严格素食者和普通素食者都认为,我们不应该为了自己的食物,而让动物受苦受难,最终搭上性命。但是,即便是肉

食者,大多数人也会认为,我们把动物变成了自己的盘中餐,在这个过程中,动物受苦受难,最终死亡。如果我们没有吃掉这些肉类,而是白白浪费掉了,这是完全不能原谅的行为。[18]

预计到 21 世纪中叶,世界人口将增至 90 亿~100 亿。许多人预测,届时粮食将出现严重短缺,最短缺的是蛋白质。这在一定程度上是因为,喂养动物所需的热量是非常巨大的,是人类从动物产品中获得的热量的 4~100 倍。

与其他食物相比,牛肉是一个非常典型的例子,凸显了人类的浪费,以及如何才能避免浪费。我相信你已经知道牛肉对你不好,而且与许多威胁你寿命的严重疾病有关。在全世界范围内,奶牛需要的热量,是它最终能提供给人类的热量的 100 倍,奶牛需要的蛋白质,是它最终能提供给人类的蛋白质的 25 倍。[19] 在美国,由于牛肉行业的高效率,这两个比例分别为 40∶1 和 16∶1。

许多动物和动物制品都存在浪费现象,最极端的例子当数牛肉。令人欣慰的是,我们已经有计划,正在建立一个致力于减少浪费的食品系统。包括肉类替代品在内的植物性产品,每年增长约 20%,有迹象表明,这种增长将在未来继续保持下去。[20] 植物性产品的大幅增长,可以归因为以下四个方面的综合作用:健康因素、环境因素、效率,以及对动物痛苦的担忧。更引人注目的是,正如我们在本书第一章中所讨论的,美食运动的重点,是创造新的、口感更好的植物产品以及"培植肉",后者是一种新技术,又被称为"清洁肉"、"细胞肉"或"种植肉",是指通过培养动物的组织细胞来生产肉,而无须喂养、折磨或杀死动物。与通过杀死动物来获取肉类相比,上述这些技术进步所浪费的热量和蛋白质，远比传统方式要少得多。2013 年，人类生产出了第一个培植肉汉堡，而要推出价格合理的清洁肉制品，可能还需要 5~15 年的时间。

已经有一些非营利性组织，例如，美食研究所等，正在鼓励开发新的基于植物的产品和清洁肉类产品。此外，越来越多的风险投资机构和著名企业家将该行业视为一个潜力无限、有利可图的投资机会，这些著名的企业家包括盖茨、布兰森、布林和韦尔奇等人。对于我所倡导的保护动物权利的观点，可能有的读者已经厌倦了，但好在美食运动已出现可喜转变，该运动的领导人，例如美食研究所的布鲁斯·弗里德里希等人，已经将他们的重点从仅仅鼓励人们成为普通的素食者或严格的素食者，扩展到了更大的范围，还包括弹性素食者、少肉主义者等其他人群。欲使人们的饮食方式变得更具有可持续性，需要不断创造伟大的新产品——这种新产品，要想受到肉食者的欢迎，必须要有更好的口味、更低的成本，以及更大的便利性，这样人们才不会想吃杀生食品。

风险投资界对美食的兴趣，表现出了一个非常独特的方面，即他们之间的密切合作。在许多行业中，对于相互竞争的风险投资基金而言，只有在投资于同一个创业企业时，他们之间才会进行协调。然而在美食界，许多风险投资家都是严格素食者，减少动物痛苦和食物浪费也是他们关注的重点之一。由于肩负这一社会使命，他们正在协调，将尽可能多的新产品推向市场。玻璃墙辛迪加（Glasswall Syndicate）便是这种协调的一个途径，该辛迪加自述为一个"大集团，由超过 150 个风险资本家、基金会、信托基金、非营利性组织和个人投资者组成，他们有着相似的投资理念，希望加快主流产品和服务的采用,这些产品和服务将改变动物和人类的生活,对地球更有利"。[21]我也是玻璃墙辛迪加的成员之一,我们投资的初创公司,要么以植物为基础,要么负责种植肉的开发。事实上,我们支持所有正在开发肉类替代品的企业家,虽然我们不可能投资该领域的每一家初创公司。

如果你认为好食品的市场是有限的,那么你应该了解一下泰森食品。该公司投资了一家名为孟菲斯的肉类公司,这是一家从事种植肉开发的初创公司。目前泰森食品生产的鸡肉、牛肉和猪肉,约占美国市场的1/5。汤姆·海斯是泰森食品首席执行官兼总裁,他承认,该公司投资孟菲斯"似乎有悖常理",但他解释说,在这个世界上,需要蛋白质的人越来越多,泰森食品必须找到一种可持续的方式来满足这些需求。泰森食品以前曾投资了一家名为超越肉类的公司,这是一家生产植物性肉类替代品的公司。[22]如果肉食替代行业有朝一日获得成功,泰森食品希望自己能占有一席之地,能够获得新技术,创造出消费者所需的蛋白质。

当然,消费者浪费的东西远远超出了食物的范畴。在美国,超过一半(58%)的总能源,因为其他行业的低效率而被白白浪费掉了,例如,发电厂、汽车、灯泡,都在浪费能源。[23]我们通常可以在不牺牲任何个人利益的情况下,减少此类浪费。事实上,提高效率不仅将为我们节省资金,同时还将让世界变得更加美好。

非营利性组织中的寄生性中介

想象一下,当你吃晚饭时,家里的电话铃突然响了。你拿起电

第七章 减少不必要的浪费 135

话,另一端打电话的人告诉你一个感人的故事,故事的主角需要你提供经济援助。我们都接到过这样的电话,许多人还真的捐款了。显然,我的观点是,当你在电话里只考虑一个慈善组织,并且总是惦着尽快返回餐桌继续吃晚饭时,你是很难做出明智的慈善决定的。事实上,如果你真的捐款了,这笔钱很有可能被浪费掉。

当我们通过电话捐款时,通常是对一种情感诉求做出反应。这种情感诉求很容易被寄生中介利用,这些中介为营利性组织工作,目的是骗取人们的钱财。电话捐款的大头流入了中介的腰包,只有很少一部分用于那些真正需要帮助的人。"帮助退伍军人"(Help the Vets)就是一个很好的例子,这是一个全国性的组织,致力于募集捐款,资助退伍军人的医疗护理,例如,乳腺癌治疗、自杀预防计划,以及为那些从压力中恢复的人提供休养方案。"帮助退伍军人"向潜在的捐赠者发出情感上的恳求,恳求他们帮助退伍军人,例如,该组织会说,对于那些曾在伊拉克和阿富汗服役的人来说,"伸出手臂和腿,不仅仅是一种修辞手段,而是一个严酷的现实"。[24] 该组织听起来似乎非常高尚,但联邦贸易委员会主席乔·西蒙斯写道,有证据表明,2014—2017年,"'帮助退伍军人'将其募集到的捐款的95%用在了创始人、筹款人和日常开销上"。[25]

许多慈善机构聘请中介机构,主要是电话营销公司来进行募捐。既然没有人喜欢电话募捐,为什么它仍然是一种常见的募捐工具呢?营利性公司都知道,它们赚钱的途径是承担慈善机构通常不喜欢干的差事。根据国家慈善统计中心的数据,在美国注册的非营利性组织已超过150万家,这一数字是20年前的两倍[26](非营利性组织太多了,下面还会涉及该内容)。在这些组织竞相争夺慈善捐款的过程中,专业募捐机构设法说服它们，自己肩负着提供服务的重任。此外，在上缴募捐所得慈善资金时，这些专业募捐机构让人感觉这似乎是一种奖金，如果它们试图自己筹集资金的话，它们将获得额外的收入。因此，慈善机构普遍接受这种做法：中介机构只需要上缴一小部分实际筹集的资金。慈善机构专注于其使命，却忽视了以下事实：捐赠者有限的慈善资金被挥霍浪费掉了。通过压低员工工资，中介机构赚了一大笔钱——通常高达它们所筹资金的75%。这一过程在技术上是合法的，但却极其不道德。人们受骗相信，他们的捐款主要是给那些需要的人，但实际上捐款是在为一个组织谋利，该组织在推销中甚至压根儿就没有提到——很明显，善款被浪费了。我们需要一种更好的捐赠方式。参与这一过程的慈善机构，允许中介机构创建一个高浪费的企业，从而把整个慈善蛋糕变小了，并欺骗那些不明真相的捐赠者。

珍妮特·格林利和特蕾莎·戈登指出："如果每家慈善机构都减少其筹款支出成本，那么所有慈善机构都将从较高的净收益中获益，但是如果只有一家慈善机构减少筹款支出成本，那么其余的慈善机构将受益。"[27] 如果所有的慈善机构，都统一拒绝使用此类中介机构，则慈善机构会筹集到更多的钱。当非营利性组织雇用这样的中介机构时，此举无异于社会困境中的背叛行为，会减少所有团体可获得的有效慈善资金总量。非营利性组织应该看到，集体利益要求它们对中介机构说不，因为这些中介机构不过是在为自己输送利润罢了。由于监管专业募捐机构利润率的尝试已经被法院驳回，因此目前更可行的方案可能是继续提高慈善机构支出习惯的透明度。[28]

在非营利性组织中，寄生中介并非唯一的浪费来源。《波士顿环球报》记者萨夏·普法伊费尔曾和自己的团队一起，荣获了普利策奖，该团队揭露了天主教会掩盖神职人员性虐待的丑闻，这次普法伊费尔讲述了"唯一目标"（OneGoal）的故事，这是一家非营利性组织，其使命是帮助贫困学生从大学顺利毕业。[29] 普法伊费尔认为，这个新的非营利性组织的问题在于，它与波士顿其他 40 多个非营利性组织有着相同的目标。这种重复劳动增加了浪费：不必要地把钱花在办公空间上，运营效率低下，工作人员争抢同源的慈善捐款。这意味着在年终要写 40 份报告，向政府提交 40 份纳税申报表，以及 40 种不同的筹资努力，往往针对的是同一个捐助群体。在营利性行业，这种低效率会导致某些竞争者关门倒闭，或者被其他组织兼并，但非营利性组织却无法充分利用这些市场力量。我的夫人玛拉·费尔彻，是一个女性集体捐赠组织"慈善联系"的创始人，她对普法伊费尔说，"我一次又一次看到的都是重复劳动。这么多的小机构，都在做同样的工作，或非常相似的工作。人们会说，'哦，我的非营利性组织与其他组织不同'，但如果你不是该组织成员，你根本看不出区别……我认为，这些小机构最好与更大、更成熟的机构更紧密合作，或干脆并入这些大机构"。在非营利领域，考虑到方方面面的浪费，其能为世界解决的问题自然变少了。

在我的行业，即学术界，大家都迫切需要更大的空间。许多大学和学院，之所以拒绝聘用新职工、教员或访问学者，不是因为付不起钱，而是因为没有足够的办公室。然而，教授们通常都是大忙人，很多时候他们并不在办公室里。此外，随着世界越来越数字化，我们使用书架的频率也越来越低。教授们可以远程工作，例如，在家里、咖啡馆、图书馆或其他地方，与他人见面，查看电子邮件，写信等，事实上他们经常这样做。其结果是，大多数教职人员的办公室都是空的，即便在繁忙的学期中间的大白天，也是空的。因此，如果我们不能充分利用办公室，为什么不共享出去呢？其他经常在办公室以外的地方工作的专业人士，如顾问等，已经转向了"共享工作空间"（hoteling）的安排。具有讽刺意味的是，教授们似乎是靠自己的办公室获得声望的，结果却浪费了空间，错失了机会。

我们制造的废物

在你的地下室、车库或阁楼里堆着好些东西，你当初为什么要买这么多东西呢？很多时候，我们购物是基于一时对商品的情感反应，而不管之后我们是否还需要这些东西。通常，我们还把减少废物与"廉价"等负面评价混为一谈。如果我们想要创造更多价值，应该努力把减少废物视为让世界变得更加美好的有用方式，同时在这一过程中，还可能节约资源，从而朝着本书第三章所描述的帕累托有效边界迈进。

为了减少浪费，我们能够采取的行动是很多的，每个人都可能看到不同的机会。有的人可能会想到，驾驶高能耗汽车，或者在有其他更方便的交通工具的情况下开车，会增加燃油的使用。有的人想到，可以更好地提前规划，从而避免冲动型购物。还有的人想到，可以少买点食物，这样垃圾桶里的废弃食物相应就会少一些。总之，只要我们有意愿直面浪费问题，就可能为创造价值铺平道路。在下一章中，将探讨我们浪费的最重要的资产之一——时间。

第八章
合理分配时间

你一生中最稀缺的是什么？

你最重要的资源是什么？

对于这两个问题，我们中的许多人很快给出了相同的答案——时间。但大量研究证据表明，大多数人在分配时间方面会犯错误。请思考以下问题：

想象一下，你准备在某家商店里购买一个打印机墨盒，该墨盒标价是50美元。销售人员告诉你，这款墨盒在该商店的另一家分店里正在打折促销，该分店距离这里有20分钟车程。你已决定今天必须购买墨盒，要么在当前这家商店购买，要么开车20分钟到另一家商店购买。另一家商店的最低折扣是多少时，你才愿意开车去买墨盒呢？[1]

如何评估时间的价值呢？许多人认为，一个简单明了的方法，是用节省的金钱来衡量节省的时间。在上述案例中，人们通常会认为，能够节省20~30美元时，才值得开车20分钟去享受打折优惠。在商品总价50美元的基础上,如果能节省40美元,几乎所有受访者都愿意开车20分钟去享受打折优惠。

现在请思考以下相关问题:

想象一下,你准备在某家商店购买一台电脑,该电脑标价是2000美元。销售人员告诉你,这款电脑在该商店的另一家分店里正在打折促销,该分店距离这里有20分钟车程。你已决定今天必须购买电脑,要么在当前这家商店购买,要么开车20分钟到另一家商店购买。另一家商店的最低折扣是多少时,你才愿意开车去买电脑呢?

在这两种情况下,你都面临着时间与金钱的简单权衡。[2] 即需要多少钱,才能使这个交易有价值呢?然而,当研究人员比较人们对这两个问题的反应时,发现大多数人在购买电脑时要求的折扣金额,比在购买墨盒时要求的折扣金额大。人们通常期望电脑优惠60美元时,他们才愿意开车20分钟去购物,但在购买墨盒时,只要优惠40美元,他们就很乐意开车20分钟去购物。

为什么会有这种不同的标准呢?当我们在盘算"一笔买卖是否划算"时,我们主要考虑的是评估优惠的百分比折扣。我们的目标,是让单位时间的价值最大化,即我们多花20分钟时间能够节省的金钱最大化,那么过分专注于一笔买卖是否划算,即主要考虑优惠的百分比折扣,则会导致时间的浪费。

关于以上这两个案例,其原型的作者是特沃斯基和卡尼曼,我始终觉得这两个案例很能说明问题。[3] 这在一定程度上,是由于我自己在一生中对时间的分配有误。老实说，对于60美元的电脑折扣，我有可能会放弃，尽管心里也会觉得错过折扣有点遗憾，但我肯定会选择40美元的墨盒折扣，因为我无法放弃高达80%的优惠折扣率。另外，在预订机票和酒店时，我很乐意在网上比较价格，力争拿到最优惠的折扣，我知道自己有点走火入魔了，为了在网上找到更好的交易，我花费了大量的时间，这些时间的价值，绝不是我节省的那点钱可以弥补的。

在我50岁生日前后，有鉴于此，我认为很有必要更加系统地扪心自问，自己是如何利用时间的。我很清楚，在平衡工作和生活方面，我对工作投入很多，这是我有别于大多数人的地方，并且大多数人也不会建议别人像我这么全情投入工作。我工作很努力，工作时间很长。但总的来说，我喜欢我的工作，所以这对我来说并不是个问题。我喜欢教书，喜欢给别人提供咨询建议，喜欢做研究。我喜欢"完成著书立说"的感觉，而不是爬格子的写作过程本身。我喜欢在校外做咨询工作，但会毫不犹豫地拒绝无趣的咨询工作，或者是没有什么影响力的咨询工作，即使这意味着要放弃有利可图的赚钱机会。

老实说，我也并非一直很享受职业生涯中的每时每刻。因此，我决定回顾一下，工作中哪些方面是我不太喜欢的，以及如何做出相应的调整。我得出的结论是：不喜欢参加教员会议。还好，我的参会，也确实不能给会议带来什么价值。不过，有时候如果我认为自己的意见很有用，我也会很乐意在教员会议上提出来。当然，我知道，自己经常在教员会议才开了一两个小时，便提前离开会场，因为我认为这种会议并非利用时间的最好方式。我想，读者诸君，你们肯定也干过类似的事情吧。因此，对于那些没有什么价值的教员会议，我逐渐不太参会了。我深知,自己非常幸运,以我目前在职业生涯中的地位,我可以不参加教员会议,也不用承受任何严重的职业后果。

一个好的学术公民,必须要做的一项工作是,责无旁贷地承担起"同行评议"的任务,即评议某领域学术期刊所收到的投稿论文。现在的学术期刊,基本都会收到大量的投稿,因此有大量的同行评议工作要完成。学术期刊通常会邀请知名学者组成编委会,编委会成员比其他普通审稿人要看更多的论文。受邀担任编委会成员,会带来一定的学术声望。然而,绝大多数社会科学期刊并不会向编委会成员和其他审稿人支付报酬;作为学术界的好公民,同行评议工作似乎是我们应该做的分内之事。其实,许多学者对于审稿没有报酬这件事情颇感恼火,我自己也不例外,因为我们知道,经营这些期刊的公司会对征订期刊收取高额费用。作为期刊编委会成员,我需要评审研究范围非常广泛的论文,有些论文不可避免地与我自己的学术兴趣相去甚远。如果我不是编委会成员,很多让我评阅的论文,我是绝对不会花时间阅读的。现在我已经 50 岁了,在有生之年已经评阅很多论文,我怀疑自己对这项工作是否还能保持热情,是否能像一名高年级博士生或年轻教员那样对这项任务充满激情。我为这项工作付出了代价,但是却不敢肯定这种付出是否物有所值。我越发坚信,如果把花在评阅论文上的时间花在其他更让我感兴趣的任务上,我应该可以成为一个更好的学术公民。有鉴于此,我辞掉了四家学术期刊的编委会工作,这四家期刊是让我评审论文最多的期刊,同时也都是很有名望的期刊,其中有的编辑还是我的好朋友。我之所以辞职,并不是因为懒惰,而是为了更好地利用时间,为社会创造更大的价值。

回顾本书第三章中提到的图——既为自己,也为他人创造价值的图，可以看到，我们用于帮助他人的时间，可以用从 A 点到 C 点的运动来描述。本章提出了一个问题：你能否到达一个比 C 点更高效的地方？即如何才能用从 A 点到 C 点同样的时间、同样的努力为他人创造更多的价值？我希望自己能以一种建设性的方式，实现这种价值创造，从而不辜负自己的时间，毕竟这是通过缺席教员会议和退出编委会才节省下来的时间。

本章将帮助你思考，如何更明智地利用时间，既是为了自己的利益，也是为了他人的利益。我不想在此说教，教导你把时间花在严肃的正事上，而牺牲自己的快乐，因为已经有大量证据表明，大多数人都是工作太努力，玩得太少。相反，我希望鼓励你找到一个好方法，把你的快乐最大化，把你的痛苦最小化；同时，当你决定帮助他人时，让你投入的行善时间可以发挥出最大的价值。

人们往往会花很多时间思考如何使用有限的金钱，但却没有对自己如何使用时间进行同样的审视。我发现，检讨自己如何使用时间是一个非常有用的做法，我鼓励读者诸君不妨也尝试一下。你们很可能会有令自己惊讶的发现，这些发现会帮助你在有限的时间内做更多的好事。

时间与金钱

据说，本杰明·富兰克林是第一个宣称"时间就是金钱"的人。[4] 但至少在当今这个时代，我们并没有充分理解富兰克林建议的精髓。也就是说，我们很难在时间和金钱之间做出明智的权衡。我们习惯于为花钱做预算，却很少规划时间，两者形成了鲜明的对比。[5] 然而，这就是现实，尽管金钱比时间更具可替代性：你没花的钱，可以留到明天再花，但今天你没有好好利用的时间，就一去不复返了。

阿什莉·惠兰斯是我在哈佛商学院的同事，她擅长研究人们如何在时间和金钱之间进行权衡，以及如何才能做得更好。[6] 阿什莉和她的同事发现，虽然人们总是声称没有时间，但他们的行为却反映了一种直觉倾向，即愿意花费大量时间来节省相对较少的金钱。我自己的经历也印证了这一点：在寻找最优惠的机票和酒店价格时，我花费了太多的时间，却也节省不了多少钱。阿什莉的研究表明，相比之下，当我们花钱买时间，也就是说，当我们付钱给其他人，让他们做我们不喜欢的耗时工作时，我们会更加快乐。这些耗时的工作可能是园艺、洗衣、烹饪或者是排除电脑故障等。

阿什莉认为，西方文化让我们非常关注金钱，在花钱方面无比审慎，但却很少以同样的态度对待时间。多数人从小就知道，重要的人物通常都很忙，也就是说，他们的时间很有限。此外，我们被教导更看重金钱而不是时间。如果表现出色，我们会获得金钱奖励，而不是时间奖励，我们很少休假，老板也不会因此给我们特殊待遇，例如，不会允许我们不做讨厌的工作或者不做那些我们能提供的价值很低的工作，比如我前面提到的那些教员会议。因此，当我们遵从直觉，用系统1思维方式来分配时间时，我们就会滥用时间，导致时间不足。但是，当我们更深入地权衡时间和金钱之间的关系时，许多人会意识到，自己的行为并没有如实反映自己的时间的真正价值。只有当我们朝着更为审慎的系统2思维迈进时，我们才能在时间和金钱方面实现更好的权衡。

在阿什莉的新书中，她还指出，内疚使我们不愿意将不喜欢的任务外包出去，以节省时间。[7]也就是说，对于付钱雇人做事，我们会深感不安，比如打扫房子或日常采买，即使我们有钱雇人，并且有人愿意提供这些服务，我们也会不安，因为毕竟这些活儿，我们自己完全能做。阿什莉的研究还发现，我们不想让别人知道自己雇人来干这些活儿。她认为，这种想法是不对的：有人想要这份工作，我们在为他们提供这份工作的过程中，也增加了自己的幸福感。

时间与时间

现在是时候了，我们应该认真审视，自己在世上行善时，究竟是如何利用时间的。我们可以看看，自己是如何错误分配时间的，为什么会把时间分配给以下任务：不会得到回报的任务，自己不喜欢的任务。我们应该找出这些任务，并让其他人来完成这些任务。

请先列出你在最近两个月内所从事的活动，这里的活动是指你贡献了时间来帮助他人的活动。以下是我列出的部分清单。

- 帮一位生病的同事代课。
- 参加了一场非营利性组织的慈善活动，我夫人是该组织董事会的成员。
- 一位同事即将出版新书，我通读并评论推荐了该书。
- 把家里的厨余垃圾送到附近的堆肥站，而不是倒进垃圾桶。
- 参加了一场会议，主题是减少动物痛苦，我主要是去学习的。
- 参加了一场无聊的委员会会议，预计该会议不会达成具体成果。
- 一个朋友正在为其初创公司筹集资金，我给了她一些关于谈判方面的建议。
- 与许多人谈论我工作的学术领域。部分是出于研究需要，部分是出于教学需要。
- 应一位同事的要求，在华盛顿特区的某场会议上发表了一次演讲，没有收取任何费用。
- 我朋友在经营一家慈善组织，该组织的发展总监来找过我，目的是寻求慈善捐款。

在回顾这份清单时，我得出如下结论：我参与的大多数项目，都是对时间的良好利用，但其中有的活动确实是在浪费时间。例如，华盛顿特区的会议花费了我太多的时间，却并没有达到预期的目的：与会者也许觉得我的演讲很有趣，但我的希望落空了，他们貌似并没有受到鼓舞，也并不准备在自己的组织中采取行动。与发展总监的会面不会改变我的慈善捐赠习惯，除了礼貌之外，没有任何作用。无聊的委员会会议，其实根本不需要我参加。相比之下，送厨余垃圾的过程是令人愉快的，能与轻松的遛狗活动完美结合。

我已经在心里默默记下了反思结果，希望这种反思能引导我继续努力，在未来更好地安排时间。我目前最需要的，兴许也是读者诸君最需要的，是一套更系统的方式，来指导我们未来如何安排时间。幸运的是，现在就有这样的方式。

1817年，英国政治经济学家大卫·李嘉图提出了比较优势的经济学概念。[8] 在组织层面，如果一家公司能够以低于竞争对手的成本销售商品或服务，那么它就拥有了比较优势。正如本书第三章所述，这一概念有助于认清贸易优势，包括在全球贸易中的优势。

在个人层面，如果一个人能以比其他人更低的机会成本完成任务，他就拥有了比较优势。对于那些不熟悉"机会成本"这一术语的人来说，如果他们没有完成下面所讨论的任务，也没有关系，他们只需要思考如何才能更好地利用时间。"机会"一词突出了比较优势和绝对优势之间的区别。最擅长做某事的人拥有做该事的绝对优势。因此，假设某天晚上，我和夫人玛拉需要在 40 分钟之内做两件事：遛狗和做晚饭。我们的狗狗名叫贝卡，若以它的快乐来衡量，玛拉比我更擅长遛狗。玛拉不仅是一个更好的遛狗者，在准备晚餐方面，她也比我更能干。因此，虽然我不是家里最好的遛狗人，但我在遛狗方面有比较优势，尽管我没有绝对优势。玛拉在准备晚餐方面比我做得更好，这种程度远远超过了她在遛狗方面胜过我的技能。

除了烹饪和遛狗之外，玛拉和我都在通过其他方面的比较优势创造价值。我们都渴望在世界上做好事，我们都有好几个学位，我们都是每周工作很长时间。在欣赏非营利性组织和为其提供运营建议方面，玛拉比我做得更好，她和同伴一起创建了一个蓬勃发展的慈善组织，并开了一个博客（www.marlafelcher.com），专门撰写关于抵制联邦政府腐败行为的文章，她在这些活动中得到的报酬并不高。我的比较优势在于，更擅长寻找机会，通过提供咨询服务获得高额报酬，我不会接受会造成净伤害的项目。我们两人都对现状比较满意：我能挣高薪，玛拉直接花时间帮助非营利性组织。我们家的大部分慈善捐赠决定都是由玛拉做出的。如果我俩都在赚钱和直接帮助非营利性组织之间平均分配时间，可能就没有这么好的结果。对我俩而言，目前这种状况，我们都会感到更快乐，并且也能创造更多价值。

请注意，我和玛拉的联合决策过程并非简单的公平交易，并非

"每个人都应该完成一半的任务"。通过在任务之间进行明智取舍,可以创造更多价值。做出取舍的标准如下:谁能更轻松地完成任务,谁更享受任务,谁能更好地完成任务。在婚姻中,当一方完成一项任务时,并不需要另一方也相应完成一项任务,但需要确保双方都意识到,跨任务、跨时间进行明智取舍,将给双方带来长期利益,这似乎是一个很不错的婚姻建议。

类似地,想象一下,某家技术初创公司的创始人可能是公司中最擅长完成详细技术任务的人,公司中第二擅长该任务的人只比他稍逊一点点。但是,在向关键战略合作伙伴或投资者推介公司方面,该创始人可能比公司中的其他人都要做得好得多。因此,尽管他在技术方面拥有绝对优势,但他的比较优势并不在于从事技术工作。这一比较优势的概念突出了他能为公司带来的最大好处是向其他人推介该公司。

能够担任博士生导师,我倍感自豪,与我相比,我的博士生具有很多绝对优势,例如,更会写文章、更善于分析数据、更聪明等。但我也有优点,在我的职业生涯中,我擅长组建研究小组,帮助不同的人发挥出自己的比较优势,尽可能帮大家做出最好的研究成果。我的学生都很棒,有的是伟大的项目经理,有的擅长数据分析,还有的充满了令人惊喜的创意。积极调动系统2思维,有利于我们更好利用周围人的才能,从有限的时间中,获取最大的回报。

每个人都有自己的比较优势。我们最好把时间花在拥有相对优势的竞争领域,而不是拥有绝对优势的竞争领域。相比之下,我们中的大多数人都倾向于做自己拥有绝对优势的任务,即使我们没有任何比较优势。明智的组织分工应该是这样的:充分发挥每个员工在不同任务中的比较优势，从而为集体带来更大的整体优势。

"比较优势"这个概念可以帮助我们在不同的人之间更好地分配任务。但也有一些时候，我们必须决定是否将自己的时间分配给某项任务，如果我们不做这件事，我们不知道谁会去做这件事，也不知道该任务是否能完成。想象一下，大约在同一时间，你收到三个请求：请你加入一个社区改善委员会，加入一个非营利性组织的董事会，会见一个朋友的朋友（此人可能会从你的建议中受益）。你很想帮忙，但却苦于没有足够的时间，可以对所有的请求都说"是"，即使你愿意熬夜，时间也还是不够的。面对这些任务，考虑自己是否具有比较优势是不现实的。但是你可以想想，哪种使用时间的方式能够创造更大的价值。经过分析思考，你可能会得出结论，参与这些任务中的一个或多个不会创造太多价值，因此拒绝参与这些活动，可能会让你感觉很好。你说"不"，不是因为你自私，而是因为有更好的方法可以让你更好地利用稀缺资源，创造更大价值。

时间与至善

"8万小时"（https://80000hours.org/）是一家慈善机构，专门给20~35岁的年轻人提供辅导，帮助他们找到能够产生积极社会影响的职业。该组织的名称代表人一生中职业生涯的大致时间。如果你认同人生的目的就是力争创造最大价值，你会如何选择你的职业呢？与我在本书第二章中提到的理性决策过程类似，"8万小时"也建议你认真思考，当今世界面临的最大问题是什么，并找出妨碍社会解决这些问题的原因。接下来请缩小清单，列出你有意愿也有能力参与解决的问题。"8万小时"建议选择影响最大的行业,开启你的职业生涯,不仅要在所选择的行业内找一份工作,还要制订一个备用计划,以应对职业变数,例如,当环境中的不确定性因素得到解决后,你要及时做出调整。然后,定期评估你的计划,例如,每年评估一次,看看是否需要进行调整。

"8万小时"的职业咨询计划帮助成千上万的人重新规划了自己的职业,这些咨询计划深受本科生和研究生欢迎,尤其深受计算机科学、分子生物学、应用数学等技术领域学生欢迎。年轻专业人士面临的关键决定是:是现在就参加工作,为社会做贡献,还是继续增加职业资本,以期在未来产生更大的积极影响?职业资本是指专业技能和知识,我们可以通过发展技能、建立关系、考取证书等方式来积累自己的职业资本。职业资本可以来自正规教育、与优秀导师合作、寻找专注于培养技能和兴趣的实习机会等。这通常是一个艰难的选择,但确实很少有人会后悔为未来投资。意识到未来还要工作8万个小时,可能会提供足够的动机,让你从长远角度来思考问题。

你也许会认为,"8万小时"鼓励人们到非营利性组织工作8万个小时,但事实并非如此。相反,该组织鼓励人们思考如何才能在一生中做到最好。对某些人来说,答案可能是为慈善组织或政府机构工作,而对另外一些人来说,这可能意味着在营利世界里实现收入最大化,这样才能有更多的东西可以付出,即所谓"挣钱来捐款"(earning to give)。还有一种产生影响的方式,即以创业的方式创新,让世界变得更加美好。如果你创造出的产品或服务,能够减少疾病,拯救生命,养活世界上最贫穷的人,或更有效地教育人们,你就创造了巨大的价值。"8万小时"也承认,某些人有着异常强烈的个人职业偏好,对于这些人，只需要鼓励他们继续沿着这条路走下去，把更多的收入贡献出来就行。在与"8万小时"有关的所有项目中，也许看似最自相矛盾的项目是"为有效捐赠募捐"（Raising for Effective Giving），这是一个非营利性组织，从扑克玩家那里为有效的慈善机构募捐，在下一章中我将详细介绍"有效"的含义。参与该项目的扑克游戏玩家，承诺会把赢得的金钱至少捐出 2%，捐给"为有效捐赠募捐"建议的慈善机构。"为有效捐赠募捐"目前每年通过该方式，即对赢得的金钱的自愿征税，为非常有效的慈善机构募捐，捐款超过了 100 万美元。

虽然"8万小时"关注的对象是处于职业生涯早期的人，但我们所有人都面临着以下问题：什么才是最好的利用时间的方式？如何才能产生最大的影响？我碰到的最有趣的职业转型来自乌玛·瓦勒蒂。瓦勒蒂在印度长大，原本是肉食者，后来在医学院读书期间变成素食者。他获得了美国梅奥诊所的心脏病学奖学金。他在某次心脏病学实践中，参与了一项利用干细胞修复心脏病发作时受损的心肌组织的研究。瓦勒蒂意识到，如果干细胞可以用来再生心肌组织，同样的概念可以应用于动物肌肉组织的生长，动物肌肉组织即我们普通人所说的"肉"。他曾试图劝说其他科学家和他一起成立一家公司，来培育动物组织，以生产基于细胞的肉，而不需要杀死动物才能得到肉，然而他的说服工作失败了。在这之后，瓦勒蒂辞掉了心脏病专家的工作，创办了一家公司，专门生产基于细胞的肉，即"种植肉"。

瓦勒蒂认为，作为心脏病专家，他有能力帮助别人，但他也意识到："在未来的 30 年里，作为心脏病专家，我可能会挽救几千人的生命。但如果我能成功地帮助改变肉类的生产方式，我将对数十亿人和数万亿动物的生命产生积极影响。"[9]

瓦勒蒂相信，他可以生产出美味的产品，而不需要杀戮动物，同时，人们也不会因为吃肉而对健康造成负面影响。他打算用自己的生物学知识培育肉类，并对肉类进行基因改良，使其更美味、更便宜、更健康。在这种理想的支撑下，瓦勒蒂创办了孟菲斯肉类公司，该公司目前处于种植肉领域的前沿行列，对基于植物的肉类公司是有益的补充，"人造肉"和"人造汉堡"都是基于植物的肉类公司。孟菲斯肉类公司很快吸引了大批投资者，包括比尔·盖茨、理查德·布兰森、农业巨头嘉吉和泰森，最近又从投资者那里筹资1.61亿美元。

孟菲斯肉类公司是一家高科技公司，投资风险很高，处于食品革命的最前沿。在本章探讨的问题背景下，一位心脏病专家，因为看到了另外一条可以创造更大价值的道路，不惜放弃了充满前途的职业，这是一件非常有趣的事情。以下是瓦勒蒂对此事的看法：

> 我进入心脏病学领域，是因为我想对人类健康产生积极影响。我认为我在孟菲斯肉类公司的角色是这一使命的延伸——我将从公共卫生的角度在改善人类食品体系方面发挥更大的作用。到2030年，世界人口有望超过90亿。越来越多的人需要吃饭，如果没有重大创新，这可能会成为一场灾难性的公共卫生危机。我们的创新，能够在人类食品的可持续发展中发挥不可或缺的重要作用。此外，从环境的可持续发展和动物福利角度来看，这一创新具有巨大潜力。[10]

瓦勒蒂没有选择为非营利性组织工作或捐赠大笔资金来创造价

值；相反，他承担了更大的风险，试图产生更大的影响。他以一种非常资本主义的心态，做出了这一改变：如果他的评估是正确的，他很快就会成为一个非常富有的人。我希望他能梦想成真，因为如果他能从孟菲斯肉类发财，他将为我们所有有生命的物种创造巨大的价值。

瓦勒蒂做出了一个艰难的决定，他放弃了心脏病学，以尽自己最大的努力行善。在如何分配时间方面，我们经常面临不那么重要的选择。例如，是否应该加入清理高速公路垃圾的小组呢？是否应该在非营利性组织的董事会任职呢？或者是否应该把半天的收入捐给慈善机构呢？这半天是按小时计费的，且每小时工资很高。具体如何选择取决于你。当然，无论你选择做哪项工作，都会让世界变得更加美好。有人认为，所谓"挣钱来捐款"的策略，与行善相去甚远，甚至有精英主义之嫌。但"8万小时"并不这样认为[11]，该组织引用了罗马历史学家萨卢斯特的话，萨卢斯特对罗马政治家卡托的评价很高，因为"他喜欢做善事，而不是看起来像在做善事"。[12] 根据这一观点，一个成功的财务主管，如果能把时间折合为收入，捐给慈善组织，可能比让他在休假时帮忙打扫公路更有价值，当然，许多人会直观地认为，打扫公路更有吸引力。

只要说不，你就能做得更好

我在匹兹堡有很多朋友。我在那里长大，在该城的卡内基梅隆大学获得了博士学位，并担任该大学多个外部评审委员会委员。我一直与该校教授保持密切联系，其中一个朋友是琳达·巴布科克。琳达是卡内基梅隆大学的"詹姆斯·沃尔顿"经济学教授，曾任该校亨氏信息系统与公共政策学院代理院长。虽然我和琳达从未合作写过论文，但过去几十年里，我俩一直在密切相关的领域工作。2003年，琳达出版了专著《女人不问：谈判和性别差异》(*Women Don't Ask: Negotiation and the Gender Divide*)，该书被《财富》杂志评为有史以来最睿智的75本商业图书之一。劳丽·温加特是琳达在卡内基梅隆大学的同事，她是泰珀商学院的"理查德·M.和玛格丽特·S.塞尔特"组织行为学教授。20世纪80年代，我还在西北大学凯洛格商学院当教授时，劳丽是那里的一名博士生。我和劳丽一起合著了一篇论文，我参加了她的婚礼，在过去的几十年里，我和她一直是朋友。劳丽曾担任泰珀商学院的高级副院长，以及卡内基梅隆大学的代理教务长。琳达和劳丽不仅是非常优秀的学者，还是非常善良的人，她俩都是卡内基梅隆大学的优秀员工。

2010年，琳达接到许多任务，忙得不可开交，但这些任务对其升职却没有任何帮助。在学术界，我们所做的一些事情是有回报的，例如在领先的学术期刊上发表文章，这会有助于我们在职业生涯中取得进步，而其他的任务，例如在许多委员会任职，虽然也需要做，但对晋升或其他有形回报贡献甚微。接下来，我要分享一个高校女教授的故事，需要提醒大家注意的是，卡内基梅隆大学有很强的男性主导文化，琳达和劳丽都是女性，该大学有很多优秀的人，希望女性能加入某些社会关注度高的委员会，以显示该委员会也是有女性代表的。琳达和劳丽都以做事能力强著称，因此交给她俩的活儿特别多。琳达曾经告诉我，如果她说不，这可能意味着给她布置任务的行政人员将不得不求助于其他女同事，例如，行政人员可能正在为一个委员会寻找女性成员，以确保该委员会有女性代表。琳达有一种预感，对于这些吃力不讨好的任务，往往更多时候是交给女性，而不是男性来完成，另外整体上，女性也比男性更难拒绝这些请求。因此，琳达邀请了四位女同事一起喝一杯，同时讨论她的理论，受邀者包括劳丽。她们聚在一起，从此就诞生了"我就是不会说不"俱乐部。

该俱乐部的成员都是教授或者专业人士，她们不仅举行社交聚会，还发表关于这一主题的研究，并帮助彼此认真思考，思考自己是如何安排工作时间的。[13] 她们的研究表明，无论是男性，还是女性，都期望女性做更多的志愿性质的工作，这种期望的部分原因可能是女性确实更愿意做志愿者。在她们自己的时间管理方面，尽管琳达和劳丽都希望为卡内基梅隆大学、她们的职业，以及全社会做出更大的贡献，但鉴于她们的时间有限，对所有分派给她们的任务都说"是"，并不是最明智的策略，甚至是不可能完成的任务。"我就是不会说不"俱乐部为她们提供了灵感，帮助她们思考如何利用时间，才能实现价值最大化，并据此做出明智的决定。她们的研究对我们所有人都有参考价值，包括男性，我们总是声称时间不够，要做的事情太多：我们可以将这些所谓要做的事情视为提醒自己反思的机会，我们的目标是在有限的时间内创造更大的价值，再看这些要做的事情是不是帮助我们实现目标的最有效手段。我和琳达、劳丽都坚信，一旦女性更坚定地对某些事情说不，她们就可以把时间花在其他更高效的地方，从而创造更大的价值。她俩目前正在写一本书，主题是勇敢说不，其合著者还有莉丝·维斯特伦和布伦达·佩萨尔。

除了避免参加教员会议，我还避免与哈佛大学研究生院申请人会面，这些人申请的研究生项目五花八门，有的和我有关联，有的和我没有关联。我这番话听起来很刺耳，但请听我把话说完。我收到太多的类似请求：请求和我面谈的，请求和我通电话的，请求和我一起搞研究的，还有请求到哈佛大学与我共事一学期或一年的，等等，我实在是应接不暇。即使我不写作，不搞研究，也应付不过来。每年，在哈佛大学研究生院招生过程中，通常我会收到四五十个申请人的请求，请求与我会面。这些人大都有很好的理由与我联系：他们要么对我所研究的课题充满热情，要么想详细了解哈佛大学的某个具体项目。还有的人只是想影响哈佛大学的任何人，以期对自己的录取过程有所帮助。这些申请人应该不知道，在大多数情况下，我无法帮到他们：我的建议或推荐通常对入学录取过程没有任何影响。而且，即便我真的有点影响力，与这些人会面，也会令我陷入潜在的歧视地位，因为其他人可能不知道申请过程中还能安排这样的会面，或者根本负担不起来哈佛大学与我会面的费用。我相信，最有可能以这种方式接触大学教授的人，正是那些生来就拥有诸多优势的人。因此，大约10年前，我决定拒绝所有这些请求，我会告诉他们我的原则：在招生过程中，绝不与申请人见面或电话交谈。我还告诉他们，在他们知道自己是否被哈佛大学录取后，我很乐意与他们交谈，不管他们最终是否会进入哈佛大学。事实上，我很少收到这样的后续请求。该原则帮我节省了很多时间，我相信自己能更高效地利用这些时间，以我认为更合乎道德的方式去帮助他人。

你该如何度过余生

在花时间思考什么才是利用时间的最佳方式这个问题上，我可能比大多数人花的时间都多，但在本章的研究和写作过程中，我依然收获很大，更加深刻地认识到了明智利用时间的重要性。同时，也认识到了过去自己对时间的分配有欠妥之处，欠妥的程度着实令我惊讶。我不是说要花更多的时间去享受生活，而不是享受工作，我指的是分配给帮助他人的时间：我把时间花在自认为能创造价值的任务上，事后才意识到，如果我换一种利用时间的方式，应该可以为他人创造更大的价值。

当然，我们都要小心，在践行比较优势等概念时，不要过于狭隘。惯走极端的人可能会问，为什么我要花时间遛我的狗狗贝卡，我完全可以把这项工作交给其他人来做，其他人指单位时间里能创造的价值比我低的人。简单的回答是，我喜欢我的狗狗，并且我也喜欢遛狗，我不想用金钱的方式来衡量我的闲暇时间。然而，正如我所经历的那样，反思自己过去是如何利用时间的，可能会让你发现哪些是你不喜欢的任务，从而可以交给别人来做。当然，你要有能力支付雇人的费用。本章列出了不少创造价值的举措，你可以借鉴这些举措，找到为他人做更多好事的方法。

第九章
善用慈善的力量

每场牵动人心的大灾发生后,捐赠立即就会跟进。飓风米奇袭击洪都拉斯后,一架飞机满载捐赠物资却无法降落,因为成堆的衣物堵塞了跑道。这些衣服,都是前序航班运来的捐赠物资,其中包括很多冬天的厚外套。洪都拉斯位于热带,居然有人往这里送冬衣!

在新闻报道中,每次了解到最近发生的灾难后——无论是飓风、洪水、大屠杀,还是地震——许多人都渴望做点事情,来帮助受灾者。人们喜欢捐赠衣物或其他物品,如罐头食品或尿布,人们往往会觉得送东西比给现金更好、更人性化。我们都有一种强烈的愿望,就是通过邮寄物品向受苦受难的人表明我们关心他们。但对人道主义工作者而言,大批无用的、往往难以理解的捐赠物品简直就是"第二次灾难"。[1]

2012年12月,在康涅狄格州纽敦镇桑迪胡克小学,一名持枪歹徒杀害了20名儿童和6名成人。枪杀案发生后,立刻就有大量慈善捐赠品铺天盖地涌来。据纽敦镇政府工作人员克里斯·凯尔西估计,除了数千盒玩具和衣服外,人们捐赠的泰迪熊数量高达6.7万只。[2]凯尔西说:"我认为,仓库里的很多东西,都是给寄出的人的,而不是给纽敦的人的。至少，最后给人的感觉就是这样的。"[3]纽敦的每个孩子都分到了几只泰迪熊，剩下的泰迪熊和其他大部分捐赠品都运走了。

上述事件中的数据，与大多数人的观点一致，即在灾难发生后，捐赠现金往往比捐赠泰迪熊或冬衣更有意义，也更符合需要。现金流通性强，可以买到任何需要的东西，几乎可以在任何地方使用，有助于减轻任何痛苦。

确实，有时也会有大量善意的现金捐赠。据《纽约时报》报道，桑迪胡克枪击案发生后，在接下来的六年半时间里，纽敦收到的捐款超过1亿美元，纽敦是康涅狄格州南部的一个小镇，全镇只有2.8万人。[4]枪手的父亲在通用电气公司工作，该公司出资1500万美元，为该镇新建了一个社区中心。但对于幸存者而言，这是一个令人不快的提醒，更像是一个裂开的伤口。[5]捐款在纽敦引发了争议，对解决导致枪击事件的社会问题几乎没有作用，当然更无法让逝者起死回生。《泰晤士报》的报道总结说："这个小镇成为一个典型案例，说明美国人对悲伤的物质表达，是如何阻碍康复，而非帮助康复的。"

无论是自然灾害，还是人为灾害，都会带来触目惊心的损失，大型非营利性组织很擅长利用这种损失来构建情感牵引，从而促使人们进行慈善捐款。这样的请求往往很奏效，捐款蜂拥而至。人们本能地做出反应，想要提供一种治愈的方式，同时也在自己和受害者之间建立情感联系。然而，对刚发生的灾难，做出过于情绪化的反应，可能不是捐赠慈善资金的最佳方式。其实，无论我们的捐赠金额是大还是小，只要我们经过深思熟虑，并运用系统2思维，我们一定可以找到更有效的方式来帮助他人。

走向更有效的利他主义

每次到了年底,你会坐下来认真思考,来年的慈善捐款应该捐给谁。想象一下,如果你这样做了,会有什么收获呢?当然,如果你已经这样做了,我为你鼓掌。你可以从自己认可的捐款目标或捐赠原则开始,这些目标或原则都应基于你的个人价值观。例如,希望自己的捐款能给世界创造更多价值,就是一个很好的原则。为了做到这一点,你决定把钱捐给那些高效的组织。当然,平等主义的本能也会促使你想要在进行捐赠时,不歧视某一特定人群。你可能还很关心减少动物和人类的痛苦,这与重视众生痛苦的功利主义观念相一致。

告诉你一个好消息,上述目标也是许多组织共同的目标。事实上,你可以在下列网站查到这些组织的详细情况:https://www.givewell.org/charities/top-charities。这些目标也是有效利他主义的核心,该主义是一场蓬勃发展的社会运动,旨在通过实证和理性找到改善世界的最有效方式。有效利他主义运动推出了许多畅销书,例如,彼得·辛格的《行最大的善》,以及威廉·麦卡斯基尔的《更好行善》(*Doing Good Better*)。有效利他主义,促使我们思考自身行为的所有后果,然后以对世界产生最大积极影响的方式,做出自己的慈善贡献。这场运动植根于功利主义,但并不拘泥于任何特定的僵化哲学视角,其终极目标是做出更好的、更有效的慈善决策。对于我们大多数人来说,评估自己是不是有效的利他主义者是不可能的,因为答案不是简单的"是"或"否"。但是,如果我们在做出慈善决定时,能采用更有效的利他主义方式,这个世界就会变得更加美好。

有效利他主义与纯粹的功利主义不同,后者强调如何做才能让世界变得更好，而前者关注如何做才能做得更好。有效利他主义引导人们朝着功利的方向发展，却并不期待纯粹的功利行为。朝着功利的方向发展，包括鼓励人们增加捐款金额；在年轻时做出承诺，承诺日后变得更富有时，捐出更多财产；确保捐款方式会对世界产生更大的积极影响。显然，彼得·辛格是这场运动的英雄，但是哲学并非处于这场运动的前沿。自2013年以来，会定期举行有效利他主义会议，很多与会者都非常年轻，会议只提供严格的纯素食品。有效利他主义运动热衷于利用现有的最佳科学证据，包括使用随机对照试验来确定如何使用捐款，才能实现影响最大化。有效利他主义者经常会得出备受争议的结论：在远离美国和其他西方国家的穷国里，捐款往往能创造更大价值。有效利他主义者最关注的问题，还包括减少工厂化农场里动物的痛苦、为后代留下良好的生态环境。他们认为，后代与我们这代人具有同等的道德价值。

借助严格的分析，有效利他主义者断言，某些慈善机构的效率远远高于其他慈善机构。他们试图找出高效的慈善机构，这些慈善机构能够实现资金效益的最大化。有效利他主义是根据极客的标准来评估影响的，比如每一美元能节省多少"质量调整生命年"（quality-adjusted life years，QALY）。我们来设想一下，假设有多个慈善机构都在寻求拯救生命，你想知道哪家慈善机构每一美元的捐款能拯救的生命最多。当然，有些人的预期生命还很长，我们也关心其余生的生命质量。用"质量调整生命年"来评估不同慈善机构，可以用同样金额的捐款来拯救多少年的生命，从而得以比较慈善机构的有效性，这不啻是一种合乎逻辑的方式，而这正是有效利他主义推动人们去做的事情。

有效利他主义运动的领导者是牛津大学的两位哲学家——威廉·麦卡斯基尔和托比·奥德。他俩参与创办了牛津大学的"有效利他主义中心",已有两家慈善机构入驻该中心:本书第八章提到的"8万小时"和"尽力捐赠"(Giving What We Can),后者鼓励人们承诺在未来的职业生涯中,至少捐出收入的10%,所捐赠的事业,应符合有效利他主义运动。截至2019年,已有超过4265人承诺认捐,捐款超过1.25亿美元。与此类似,"创始人承诺"(Founders Pledge)也是一个非营利性组织,该组织呼吁营利性初创企业创始人,做出具有法律约束力的承诺,承诺一旦出售自己的企业,将至少2%的个人收益捐给慈善机构。截至2019年8月,共有1205名企业家做出了这样的承诺,捐款超过了3.65亿美元。有效利他主义运动还包括其他重要组织,例如,"明智捐款"(GiveWell)和"你能拯救的生命"(The Life You Can Save),这两个组织都为我们提供了科学指导,告诉我们捐款在哪里能发挥最大的作用。对于那些专注于减少动物痛苦的人,"动物慈善评估者"(Animal Charity Evaluators)可以提供类似的分析。

有效利他主义运动,没有要求其成员采纳功利主义哲学,也不希望其成员成为完美的功利主义者,因为我们都做不到,而只是希望其成员能够更好地善用捐款。

有效利他主义是一场大胆的新运动,但也只是慈善世界很小的一部分。该运动的负责人都是年轻人。下面我要介绍一位利他主义运动的英雄——伊恩·罗斯,辛格把他称为"无私捐赠的杰出代表"。罗斯本科就读于麻省理工学院,然后在宾夕法尼亚大学获得了语言学专业的博士学位,目前在脸书的产品分析团队工作。他身体力行的是"挣钱来捐款"的策略,决意将自己的一生致力于减少动物的极端痛苦。除了遵循严格素食主义的基本原则之外，罗斯坚信每个人都应该对自己的行为负责，无论我们选择做什么和不做什么，都会产生相应的后果，他将这种逻辑应用到自己的生活中。除了为大公司工作，他还是汉普顿溪食品公司（Hampton Creek Foods）的创始顾问，该公司后来改名为正义食品公司（Just Foods），该公司生产基于植物的鸡蛋替代品，目的是减少市场对鸡蛋的需求。2014年，罗斯的税后收入有40万美元，他把其中95%以上的收入都捐给了慈善机构。他独自一人住在旧金山，声称每年只需花费9000美元的生活费，就可以享受舒适的生活方式。2016年，在麻省理工学院举办了一场有效利他主义会议，他在该会议上发言，称自己的年薪接近50万美元，但一年的生活开销却只有1万美元，其中还包括房租，他每月的房租是400美元，是的，只有400美元，这可是在旧金山啊！本书第八章提到了"挣钱来捐款"的理念，他可能是该理念最忠诚的实践者。当然，在租金低廉的社区里，他偶尔也会遭遇抢劫，但他认为，在践行有效利他主义生活的道路上，这只不过是必须付出的一个很小的代价而已。罗斯并不认为这样的生活方式是一种牺牲；而是坚信在尽可能减少动物痛苦方面，自己可以发挥工具性作用。

我很钦佩伊恩·罗斯，但并不向往他的生活方式，我甚至怀疑，他是否算得上有效利他主义的理想典范。在有关制定目标的文献中，有大量证据表明，最有效的目标具有以下特征：有一定的挑战性，但并非不可能实现，或不合理。伊恩·罗斯可能会认为自己的生活方式相当舒服，但其他人可不这么认为，他们要么认为这是不可能实现的目标，要么认为这种生活方式是不合理的。因此，多数人可能会拒绝纯粹的功利主义，拒绝令其作为自己的行动指南，因为这对他们而言需要付出太多的牺牲。另一种可行的选择是，说服人们接受功利主义的基本原则，认清是什么因素在阻碍自己以纯粹功利主义的方式行事，然后再探索可以消除哪些阻碍因素，从而让自己做得更好。

短视的批评

许多监督机构认为自己有责任评估慈善机构的效率，以帮助人们最大限度地发挥捐款的影响。例如，"慈善领航员"毫不掩饰自己对管理费用高的慈善机构的鄙视，"慈善领航员"的目标是"推动建立一个更高效、反应更迅速的慈善市场，让捐赠者和接受资助的慈善机构携手合作，共同应对本国和全世界所面临的持久挑战"。[6]

许多人认为，给慈善机构捐款是一项非常私人的事情。有人批评有效利他主义运动和"慈善领航员"等监督组织，指责其态度充满了家长式颐指气使——通常忽视了捐赠过程的内心感受和深层情感，总是傲慢地声称知道如何捐赠的"正确"方式。毫不奇怪，这些组织所使用的"明智捐赠"等术语，会冒犯到别人。另外，监管机构眼中表现不佳的非营利性组织，肯定也不会欣赏上述见解。有效利他主义者的反驳意见如下：情感可能是促成捐赠的理由，但却会限制捐赠的有效性。

鉴于有效利他主义者和慈善监督团体似乎有一个共同目标，即在慈善捐赠领域实现效率最大化，因此，看到以下文章时，让我倍感惊讶。2013年《斯坦福社会创新评论》刊登了一篇文章，在这篇文章中，肯·伯杰和罗伯特·M.佩纳恶意攻击有效利他主义，称其为"有缺陷的利他主义"。伯杰当时是"慈善领航员"总裁，佩纳是该组织的顾问。这两人都对有效利他主义深感愤怒，因为该主义的工作是评估哪个慈善领域的贡献最大，例如，是发展教育还是消除饥饿。两人认为，这种做法暗含错误的前提，即所有的痛苦和快乐都是可以比较和衡量的。伯杰和佩纳批评有效利他主义是"一种道德主义的、超理性的、自上而下的慈善方式"，这与我读到的对"慈善领航员"的批评没有太大区别。他们还抨击了彼得·辛格提出的著名问题：如果以下两项善举，所需经费是等额的，做哪种善举更好呢？是为一个美国盲人提供一只导盲犬，还是在发展中国家治好 2000 名盲人？辛格和有效利他主义团体认为，防止 2000 人失明显然是更道德的选择，即使受助人与捐赠人远隔重洋。与此形成鲜明对比的是，伯杰和佩纳却认为，只要捐赠者选择管理费用较低的慈善机构就行，至于捐赠者想要帮助解决哪些社会问题，则完全应该由捐赠者自己决定。从本质上说，伯杰和佩纳只关注效率衡量指标，鼓励慈善机构把大部分资金用于直接提供服务或商品，他们并不在乎捐赠者的捐款对象是哪个慈善行业或机构。伯杰和佩纳批评有效利他主义者对自己喜欢的慈善机构评价很高，而对自己不喜欢的机构则评价很低。功利主义的基本逻辑是让慈善事业所创造的价值实现最大化，这两人表示，对于该逻辑，他们要么不能够理解，要么不愿意相信。

  作为量化慈善组织的先行者，"慈善领航员"很善于吸引眼球，抓住了那些重视效率、努力让世界变得更加美好的人。然而，该组织这样做的目的过于狭隘。研究清楚地表明，人们的行为受到所设定目标的影响，例如，如果目标是找出管理开销最低的慈善机构，则会导致人们在做出捐赠决定时，受到该目标的影响。但过分关注某一方面的表现，势必会导致人们忽视其他方面的表现，这一点是毋庸置疑的。[7]因此,"慈善领航员"的效率衡量指标,可能会误导捐赠者将注意力集中在管理开销低的组织上,从而忽略其他更重要的信息:它们的慈善捐款,究竟能发挥多大作用。忽视这些信息,将使捐赠者无法做出更好的决定。顺便说一句,很少有财务主管会推荐"慈善领航员"的低管理费用指标,不会将其作为评估商业投资的唯一依据。世界上那些最赚钱的公司会把大量资金投到研发和具有竞争力的薪酬方面,因而会产生较高的管理费用。

有效利他主义、"慈善领航员"和其他类似的运动与组织,都寻求对慈善捐赠给出指导意见,毫无疑问,它们所做的好事,远远多于其所做的坏事。此外,这些组织可以充分利用心理学和行为经济学方面的专业知识,推动人们实现享乐的最大化和痛苦的最小化。这些组织还能帮助我们,通过权衡不同途径的慈善捐赠所能产生的影响,来做出明智的捐赠决定。但是,当慈善领域的某些组织诋毁其他正能量的运动或慷慨的捐赠者时,会降低整个慈善事业的吸引力。"慈善领航员"在攻击有效利他主义运动所做的好事时,破坏了世界的价值。虽然"慈善领航员"的网站上有许多有用的建议,但其领导人却因对有效利他主义的批评而付出了高昂的代价。他们应该可以做得更好。

我的慈善观点

首先要申明一点,我是"慈善领航员"所提倡的高效率和低开销的拥趸,也是有效利他主义者所倡导的有效性和其他目标的支持者。在慈善捐赠方面,我还支持以下几条准则。

- 人们有权按自己的方式捐款。由于我们谈论的是自愿捐款,而不是纳税,所以必须接受这样一个事实:最终人们有权决定是否捐款,以及如何捐款。
- 深思熟虑比直觉冲动更有利于做出明智决定。在慈善界之外,有充分的证据表明,人们在深思熟虑的时候,比遵循直觉的时候,更容易做出明智决定。系统2思维比系统1思维更明智;在慈善领域,这意味着能创造更大的价值。
- 条理清晰的数据非常有用。现在的问题是信息太多,高效组织信息有利于我们更好地理解以下两个问题:不同慈善机构的特点和这些机构之间的异同。

卓有成效的慈善机构

在考虑哪些慈善机构最值得自己捐款资助时,不同的人往往会得出非常不同的结论。有效利他主义者,根据本章前面提到的价值观,得出了自己的结论。[8]他们关注的问题具有两个特征:影响大,但是却有望得到解决。影响大指的是严重影响到许多人的生活;有望得到解决指捐款能够产生效果。有效利他主义者所青睐的慈善机构,能够高效拯救人和动物的生命,并减轻其痛苦。有效利他主义者相信,对于那些长期被忽视的问题,他们能产生更大的影响。例如,许多组织和慈善家都很关注的重要问题是找到治疗癌症的方法,而疟疾则相对被忽视了。因此,有效利他主义者认为,我们的捐款用于减少疟疾而不是癌症时,可以挽救更多的生命。

一言以蔽之,上述价值观有助于引导有效利他主义者,找出在哪些慈善机构中,我们的捐款可以最大限度地减轻痛苦,他们发现这样的慈善组织有以下三类。

第一,那些专注于在低收入国家与极端贫困做斗争的慈善机构,在减少痛苦方面有着巨大的潜力,发展经济学能提供证据,证明不同干预措施的有效性。每年,有数百万人死于疟疾和寄生虫病等完全可以预防的疾病。同样,在低收入国家,因为营养不良而引发了大量的疾病,这些疾病都是可以预防的。上述所有这些痛苦都是相对容易预防的。直接把金钱捐赠给那些非常贫穷的人,是可以帮到他们的,并且成本很低。"直接捐款"(GiveDirectly)是一家慈善机构,该机构负责把慈善捐款直接分发给有需要的人,这一过程中的行政费用很低。它已经分发数百万美元,受惠者分布在197个村庄里,总人数高达两万人。"直接捐款"的价值观与有效利他主义的价值观一致,该机构积极研究其援助的有效性。随着时间的推移,相信它会变得更加有效。

"明智捐款"是前面曾提到的一家慈善机构,该机构提供硬数据,帮助我们确保捐款发挥最大作用。针对有效的慈善机构,该机构会评估其挽救预期寿命的成本。在有效利他主义社区中,这是一种普遍存在的比较推理。但是,该推理会导致有效利他主义者,将注意力集中在发展中国家的蚊帐上,而不是抗疟药物上,尽管抗疟药物比其他所有方法更具有成本优势。[9]

第二,本书第六章提到了诸多类型的部落主义,为了避免这些部落主义,许多认同有效利他主义的人都很关注动物福利。他们认为,如果我们像重视人类痛苦一样重视动物痛苦,那么我们可以通过关注动物福利,来最大限度地减少动物的痛苦。但这并不意味着昆虫和人类一样重要，因为在感知痛苦和快乐的能力方面，人类比昆虫更敏感。与"明智捐款"一样，"动物慈善评估者"（https://animalcharityevaluators.org/）也是一个在线平台，致力于帮助捐赠者明确自己的慈善资金投入哪里才能发挥最大作用，两者的区别是，后者专注于动物福利领域。该平台指出，每年有数十亿只动物在工厂化的农场里被关在不人道的条件下，当它们作为食物被计划屠宰时，其生命便提前终结了。动物福利倡导者认为，大部分的动物痛苦可以通过以下两种方式消除：减少对工厂化养殖肉类的需求；通过改变立法，来改进养殖动物的福利待遇。

在本书开篇之际，我提到了布鲁斯·弗里德里希的一次演讲，该演讲极大地改变了我的慈善事业、商业投资和日常消费。我们一起来回顾一下，他所创办的"美食研究所"致力于鼓励创造下一代新式食品，即减少对肉制品的需求，从而相应减少虐待或杀害动物。虽然"美食研究所"是一家慈善机构，但它与投资肉类替代品的财团关系密切。"美食研究所"除了通过捐赠减少动物痛苦外，还投资肉类替代品，并大力宣传食用这些替代品，视其为创造价值的额外途径或替代战略。

应该更加关注动物的最后一个理由是，慈善团体对动物福利关注不足：在美国，只有2.8%的慈善资金用于改善环境和动物福利，另外97%的慈善资金用于帮助人类。在这2.8%的慈善资金中，大部分都用于帮助家养动物和野生动物。如果更多资金流向工厂化农场，用于减少那里的动物的痛苦，则能创造更大的价值。

第三，有效利他主义者不仅关心当代人，也关心子孙后代。未来的人口数量，可能是今天人口数量的好几倍。有效利他主义者相信，这些人很重要，我们应该像对待自己一样，重视他们未来的痛苦和快乐。然而，我们常常忘记自己的曾孙，更不用说他们的曾孙了。兴许是他们与我们在情感上过于疏远，因而无法产生情感牵连。

我们能采取哪些经济有效的方式来改善子孙后代的福祉呢？对于这个问题，人们提出了很多推测性的答案，考虑到有效利他主义运动的成员，具有不同的学科兴趣和专业知识，他们自然也得出了不同的结论。然而在科学界，大多数科学家都认为，改善子孙后代福祉的有效途径，是关注气候变化危机，至少要比我们现在更加关注才行。虽然这更多的是一个政治决策问题，而不是慈善问题，但确实有许多慈善机构专注于减缓气候变化。例如，"创立者誓言"网站（https://founderscredit.com/），就是了解气候变化问题的良好起点，有助于你思考，如何才能让你的捐款更好地应对气候变化。"创立者誓言"指出，"雨林国家联盟"（Coalition for Rainforest Nations）和"清洁空气工作队"（Clean Air Task Force）这两家慈善机构在应对气候变化方面已经取得可喜进展。

超越障碍，走向明智的慈善事业

情绪在激励我们帮助他人方面发挥着至关重要的作用。毫无疑问，我们都曾有过这样的经历："给我捐款"（GoFundMe）这个慈善组织在脸书上发出了情真意切的捐款请求，我们真就考虑捐款了；在电视广告中，看到猫狗受苦受难的照片后，我们马上拿起电话准备捐款。即使你相信有效利他主义观点，但为了社交联系，你可能很乐意资助你的朋友，参加某个慈善比赛，尽管这并不是最有效的慈善捐赠形式。但重要的是，我们应该意识到，情绪会妨碍我们从慈善捐款中得到更多回报。

想象一下，你正试图为两个截然不同的慈善机构筹款。第一家慈善机构在服务有需要的目标人群时，效率不高，在管理费上花了很多钱，而真正转给预期受益者的钱却不多。然而，这家慈善机构的宣传工作做得很好，善于讲述抓人眼球的成功故事，有可识别的受益者，这些受益者很可能就住在潜在捐赠者的附近。第二个慈善机构正好相反：在有效利他主义社区中得分很高，能为受捐的每一美元创造巨大价值，非常有效，关注大洋彼岸的人们，但捐款者却看不到善款的受益者。

现在想象一下，你将轮流代表上述两家慈善机构向潜在的捐赠者发送一条信息：可能是一条情感信息，比如一段视频，讲述了某人的痛苦，也可能是一条理性信息，比如一些数据，描述捐赠美元所能带来的好处。你会发送上述哪种类型的信息？鉴于你的目标是为慈善组织筹集资金，如果你是为第一家慈善机构筹款，研究显示，你应该关注情感信息。许多慈善机构都很擅长通过诉诸捐赠者情感的策略来弥补自身价值主张的不足。事实上，许多咨询师之所以生意兴旺，是因为他们认识到，人们往往根据自己的情绪做出慈善决定。[10]本书第二章探讨了阻碍我们发挥主动智能的因素，而这些咨询师正是反向利用了这些因素，例如，对捐赠者的热情态度、为其提供认可、在捐赠者和受益者之间建立联系等。与之相反，如果慈善服务的成本收益非常划算，你会希望通过理性信息的传达，让人们充分发挥其主动智能。基本上，如果你有很好的故事，但却没有那么引人注目的价值主张，你希望人们根据其情绪反应采取行动。反之，你的价值主张越好，你越希望人们充分调动其主动智能。

以上是慈善机构的视角。现在,让我们回归潜在捐赠者的角色,捐赠者都希望尽可能有效地利用自己的慈善资金。如果你是捐赠者,你应该充分发挥主动智能,识别哪些慈善机构能够利用有限的资金做出明智的权衡,以及哪些慈善机构才是诚信经营、公开透明的。

以下是一些具体的流程建议。首先,思考一下你的总体目标:你想通过捐款达到什么目的。这一步听起来非常理所当然,但很多聪明人往往也会忽略这一步。我注意到,高效利他主义者倾向于通过高效率创造尽可能多的价值,并平等地重视所有人的利益。但也许你对功利主义逻辑的某些方面并不认同,因而你也可能做出一些相应的调整。例如,你可能不像关心人类疾苦那样关心动物的疾苦,或者你可能对自己所属的部落,比如你的宗教机构或母校感到负有特别的义务。即便如此,功利主义的基本逻辑仍然成立,你可以根据自己的具体价值观进行调整。我的慈善决定是与夫人一起做出的,她心仪的慈善组织往往与有效利他主义者中意的慈善组织不同,在第十章中,我将对此进行详细说明。但在选择慈善组织时,我们确实考虑到了这些组织的有效性,我们更多地选择更加有效的慈善机构,捐款金额在我们收入中的占比也越来越大。

以下这个做法非常有用:了解你的直觉与有效利他主义的建议,或与你自己更谨慎的分析,有何矛盾之处。这可能意味着,你需要看一看去年捐款给哪些组织了,并想想你为什么要捐款。反思一下,你的捐款值得吗?这让你有机会将直觉的系统 1 偏好与深思熟虑的系统 2 偏好进行对比,并修正自己关于明智慈善策略的认识。毕竟,情绪化的自我,可能想传达某个重要信息,你觉得自己有必要认真聆听。

你应该如何解决这种差异呢？有效利他主义的主张很明确：认知分析优于情感分析。如果你还没有准备好接受这个主张，那该怎么办呢？霍华德·雷法是一位非常伟大的决策科学家，也许你会从他的平行分析中获益。[11]

以下这个故事，很多人都讲过。雷法在哥伦比亚大学任教时，收到了来自哈佛大学的入职邀请。雷法在哥伦比亚大学的系主任是他的朋友，因此，雷法去征求系主任的意见，并询问他自己应该怎么办。系主任很幽默，引用了雷法关于决策分析的著作，建议雷法先确定相关标准，对每项标准进行加权，然后根据每项标准，对两所学校进行评分，做算术，看看哪所学校的总分更高，然后就去那里。这套做法与利他主义者评估慈善机构的做法有异曲同工之处。据称，雷法当时回应道："不能这么做，这可是一个严肃的决定！"雷法是我的朋友，也是我的非正式导师，他在去世前，曾多次向我澄清，虽然他很喜欢这个故事，但这根本不是真的。但雷法也认为，当直觉冲动与深思熟虑发生冲突时，明智的做法如下：认真考虑一下，是否应该把情绪提供的见解纳入更谨慎的决策过程，并利用这种谨慎，帮助你看到情绪是如何引导你远离自己的长期目标的。就慈善事业而言，这种对比，还可以让你审核自己的决定是否存在偏见，这些偏见可能是因为你看重别人对你的热情、渴望被认可，以及对部落的忠诚。有些人，还没有准备好完全接受有效利他主义的目标。我认为，对于这些人而言，雷法的见解不啻是一个好建议。

说得更直白一些，你可以试着在所谓的无知的面纱下，思考你会做出怎样的选择。也就是说，在做决策时，完全不考虑自己的部落、财富或国籍。[12]这样做，有助于揭示身份如何影响你的慈善计划。

最后，你可以用提高效率的方式来组织捐款。在把握捐款时机方面，让我们看看两种常见的方式。第一种方式：无论何时，只要收到捐款请求，我们就会考虑捐款。捐款请求可谓无处不在、全年不断，这些请求可能在我们的邮箱里、在社交媒体上、在星期日的教堂里、在孩子的书包里等。第二种方式：定期坐下来，认真反思自己在多个慈善机构中的捐赠模式。我承认自己使用了这两种方法。然而，有证据显示，以下结论很明确，并具有一致性：反思自己在各种慈善组织之间的捐赠——我们在本书第二章中探讨的联合决策过程——可以更好地调动我们的主动智能，做出更理性的决策，从而帮助我们创造更多价值。如果收到捐款请求就立刻考虑捐款，会将我们的注意力引向捐款请求的情感牵引，而横向比较不同的慈善机构，则有助于对各种选择做出逻辑思考。所以，当电子邮件收件箱或信箱里出现捐款请求时，让我们一起努力，放慢速度，仔细权衡，同时也要定期坐下来，仔细思考我们的慈善目标和决定。

本章完成了我们对以下四个领域的探索：平等、浪费、时间、慈善。你可以思考，哪些策略可以在上述领域创造更多价值。最后两章将重点关注如何制订行动计划，以通过影响他人的决策来提高自己创造价值的能力。

第三部分

在不完美中达成价值最大化

第十章
借助他人实现价值倍增

许多研究人员认为,在人们获得一定水平的财富后,额外的财富并不会使他们更快乐。然而,在一项非常令人信服和严格的研究中,经济学家贝齐·史蒂文森和贾斯汀·沃尔夫斯反驳了这一说法,他们发现额外的财富确实能提升幸福感,且提升的程度是比较固定的。[1]他们研究了25个人口最多的国家的公民,发现了一种几何关系,而不是算术关系。也就是说,无论你的年收入是1000美元、1万美元还是10万美元,一个人的收入翻番都会带来相似的幸福感增长。这意味着每年收入从1000美元增加到2000美元,所带来的幸福感增长,与收入从10万美元增加到20万美元,所带来的幸福感增长,都是大致相同的。

基于史蒂文森和沃尔夫斯的研究,以及彼得·辛格就这一主题发表的相关文章,牛津大学哲学家威廉·麦卡斯基尔提出了一个相当简单的策略。他认为,在发达经济体中,即使中等收入的人,也可以遵循该策略,为世界创造更多幸福:向最需要的人捐款。这样做,能够创造麦卡斯基尔所谓的"100倍乘数效应"。据他估计,我们这些最发达经济体目前的资源,可以为地球上最贫穷的人带来的好处与能给我们自己带来的好处相比,前者是后者的100倍。[2]作为教授,麦卡斯基尔自己的收入一般，据他推算，世界上最贫穷的人从 1 美元中所获得的收益，与他自己从 100 美元中所获得的收益大致相同。

在本书中，我们需要不断回顾第三章的图，该图展示了我们如何才能为自己，也为世界创造更多价值。正如我们已经注意到的，横轴远比纵轴长。这是因为我们符合道德的行为充满潜力，有可能为他人做很多好事，却并不需要令自己付出太大的代价。有了史蒂文森和沃尔夫斯的研究，再结合麦卡斯基尔的分析，我们知道，如果要让该图更准确，横轴应该继续延伸到页面以外很远的地方：其长度大约应该是纵轴高度的 100 倍，否则不足以表达放弃自己的一点利益，就可以让他人的利益显著增长，只有这个倍数，才能准确表达他人价值的累积增长值。也就是说，放弃自己的一小部分价值，就可以为他人创造巨大的价值，前提是你能有效地做到这一点。

将我们的财富转移给最需要的人，只是我们创造惊人乘数效应的众多策略之一。正如我们将看到的，其他策略包括：严格测试新想法，在做重要决策时一定要用系统 2 思维，影响其他人的决策。

实验的道义必要性

大约 25 年前，经济学家迈克尔·克雷默来到肯尼亚，通过随机对照试验试图找到一种好方法，可以稳定提高当地孩子的入学率。[3] 他首先测试了提供教科书是否会提高入学率。某些学生随机收到教科书，另外一些学生则没有收到教科书。我们大多数人可能会认为，这是一个很好的开端，但克雷默发现，增加课本并不能有效地提高入学率。[4] 然后，他又测试了在课堂上提供活动挂图的有效性。不幸的是，没有效果。然后，他又试图通过聘用更多的老师来减少每个班级的人数，但是同样没有效果。

克雷默完全没有料到，让孩子们去上学是多么困难的一件事，但他从未放弃努力。接下来，他决定尝试驱虫。肠道蠕虫是一种寄生虫感染，全世界 10 多亿人深受其害，其中被感染的儿童高达数百万，然而用现成的药物就可以轻松治愈，并且花费不多。[5] 事实证明，驱虫能有效提高入学率，因为正是感染才让孩子们不得不待在家里。驱虫不仅有效，而且与其他促进孩子上学的策略相比，用于驱虫的钱数量不大，但是却产生了巨大的效果，健康福利只是额外收获。

如何才能提高孩子的入学率问题，现在已成为一个研究得比较充分的话题，尤其是在发展经济学领域。社会科学的一个最新进展是使用比较分析法来询问"解决特定问题最有效的策略是什么"，例如，如何才能提高孩子的入学率。结果表明，驱虫不仅能使额外 100 美元的捐款产生巨大的效果，并且与其他逻辑干预的效果相比，前者是后者的 100 倍以上，因为许多其他逻辑干预根本没有任何效果。[6] 尽管最近关于驱虫效果的普适性引发了一些争议，但使用真实实验来评估比较效果的逻辑[7]，却早已在发展经济学和其他领域扩散开来。

无论是有效利他主义者，还是其他只想获得最大效率的人，这两种人不仅对一个想法是否有效感兴趣，而且还对该想法与其他可能的干预措施的比较也很感兴趣。在不同干预措施的有效性上，我们需要获得令人信服的证据，其背后的逻辑是完全可以理解的，尤其在我们考虑稀缺资金的投资问题时，更需要仔细思考该逻辑，毕竟有时候我们的投资策略的回报率很低，甚至只有其他替代投资策略回报率的 1%。除了提高上学率这个问题，还有令人信服的证据表明，我们可

第十章　借助他人实现价值倍增

以通过投资来改善健康状况并提升幸福感。通过比较，我们会发现某些干预措施的有效性是其他干预措施的 100 倍，当然如果单独考虑这些其他干预措施，没准儿也会觉得这些措施很合理。[8]

我在前面曾提到，克雷默采用了随机对照试验，也称为临床试验、A/B 组测试或直接简称为实验，来确定驱虫在提高孩子上学率方面比许多其他措施要有效得多。当然在测试前，这些措施貌似也很有用。克雷默所做的工作，包括在发展经济学领域，应用随机对照试验的创意，是他获得 2019 年诺贝尔经济学奖的关键。我们大多数人都熟悉临床试验在医学领域的应用。例如，当一家制药公司有充分的理由相信，已经开发出了一种能够有效治疗疾病的药物时，美国政府要求该公司承担系列任务，以防止有害产品进入市场，这些任务包括开展随机对照试验，以评估药物的有效性。虽然许多人都会用"实验"一词来表达"尝试新鲜事物"的意思，但对科学家而言，该词应有更具体的定义。

1925 年，罗纳德·费舍尔提出了关于实验的现代概念。[9]今天，实验的目的仍然是一样的：以科学的方式找到能够得出因果推理关系的因素。近年来，在发展经济学、技术部门和政府中实验非常流行，即在实际组织和其他现实世界环境中进行严格控制下的实验。[10]实验是一个非常关键的工具，有助于充分发挥善的最大倍数效应。实验的本质是随机创建两个或多个组，各组在某些变量上有不同，然后将各组的测量数据进行比较。实验组受到干预，而对照组则有不同条件，例如，不受干预，以通过对比来评估干预效果。因此，在药物实验中，治疗组服用实际药物，对照组服用安慰剂，但两组都不知道自己是服用的药物还是安慰剂。只有到了 21 世纪，我们才真正看到实验得到推广，多个行业都通过可见的实验过程，来确定什么方法才是有效的。[11]

虽然实验很有效，但大多数组织却在没有对照组的情况下来测试新想法，然后非常主观地评估该想法是否有效，通常在没有效果或效果不明显的情况下，倾向于主观认为有效果。如果没有实验，就很难推断出新想法是否有效，以及效果的大小，这是一项困难且容易出错的任务。实验是金标准，能够找出什么措施有效，以及干预措施究竟有多大影响。

然而，近些年来，实验也受到了批评。脸书曾通过实验，操纵用户情绪，这令某些人感到愤怒。[12] 某些人还认为实验是家长式的。美国大部分地区都奉行自由主义，人们对任何操纵行为都会产生抵触情绪，更不用说是由政府部门进行的操纵行为。[13] 我个人对各大组织如何使用其实验结果感到担忧。2013年，我与他人联合创立了"哈佛大学行为洞察小组"后，参加了许多会议，参会者来自世界各地，许多来自新兴的"轻推组织"（nudge units），该类组织由政府官员组成，试图主要通过实验提高政府运作效率（更多有关"轻推组织"的内容，请见下文）。2016年12月，在奥巴马的总统任期即将结束之际，美国人口普查官员来到校园听取建议，寻求如何通过实验提高人口普查的准确性。初次会面后，很多教师决定不再与这些善意的公务员进一步接触，我也是其中之一，因为他们无法保证，即将上任的特朗普政府，不会试图利用改进后的人口普查数据，来确定驱逐出境人员的名单。2018年，我们的担忧得到证实：特朗普政府宣布，打算在2020年人口普查中，增加一个问题，专门询问美国居民的公民身份问题。如果这一行动付诸实施，很有可能会导致巨大的痛苦，幸好

2019年出台了一系列的法院判决，阻止了这一行动。在 2016 年与人口普查官员举行的会议上，我提到了当年纳粹利用人口普查信息围捕犹太人和其他边缘群体，并对其实施种族灭绝。

有许多对实验的批评，可归入"实验厌恶"的范畴——人们通常害怕自己沦为实验的"小白鼠"。对于在实验中成为"受试者"的想法，许多人因为系统 1 思维作祟，会产生一种直觉上的厌恶。然而更有条理的系统 2 推理，通常会引发这样的观点：（1）测试新想法是好的；（2）系统地思考测试内容和测试方式是很有意义的；（3）明智的做法应该是在相对较少的人身上测试新想法，而不是贸然推出未经测试的想法，就任其影响许多人。[14] 总之，这些逻辑思维过程表明，整体上实验的方式会带来很多好处。

实验是一种系统地尝试新思想的方法，也是有效利他主义运动的关键组成部分。"明智捐款"注意到，慈善机构的数据往往是自私和有偏见的，依靠这些数据会带来很多问题，相比之下，学术实验往往能提供更好的答案。与各大组织的领导相比，学者产生有偏见结果的动机较低，且学术同行评议过程有助于确保高质量的证据。实验方法的精确度也对实验结果提供了保证。但并非所有人都这样认为，伊丽莎白·宾特利夫就是其中之一，她是国际小母牛组织（Heifer International）非洲项目的副总裁，该组织在有效利他主义标准方面表现不佳。彼得·辛格引用了她的话："我们不是在做实验。这些都是鲜活真人的生命，我们必须坚信我们所相信的是正确的。我们不能用人的生命来做实验。他们是……他们是人。这一点至关重要。"[15] 确实，正因为人命关天，所以我们需要最好的证据，而实验刚好可以帮助我们提供这样的证据。更直白地说，如果我们想尽可能多地做好事，那么做实验就是我们必须要尽的道德义务。就像算术和分析技能一样，实验如果落入坏人手中，一定会造成伤害。但对于我们这些想要做更多好事的人而言，实验是一个非常有用的工具。总的来说，有效利他主义运动，特别是麦卡斯基尔的著作，在以下方面做得很好：强调慈善事业，如何在深思熟虑的思想和证据的推动下，让捐赠有效性实现巨大的倍增效应。

通过助推他人实现倍增效应

我们中的许多人——包括父母、商界领袖和政府官员——不仅要对自己的决定负责，还要对他人的决定负责。我们可以通过三种方式来影响他人的决定：创建激励系统，提供指导，改变决策环境。后者通常被称为选择架构，或助推，这一概念是理查德·塞勒和卡斯·桑斯坦提出的，2008年两人出版了专著《助推》，该书详述了这一概念。该书借鉴了卡尼曼、特沃斯基、西奥迪尼等心理学家的著作，指出虽然我们对如何消除认知缺陷知之甚少，但我们对人类认知有足够充分的了解，因此可以重新设计关于选择的"架构"，从而帮助人们做出更明智的决定。

关于助推的经典案例，是通过改变决策者面临的默认选项来鼓励期望的行为。默认选项是预先设定的行动过程，其生效的前提是决策者不主动采取任何行动。简而言之，在生活中，我们通过接受默认选项，被动地做出许多决定。例如，我们签订标准合同；使用预先安装在计算机上的网络浏览器；许多人被动接受雇主提供的默认退休计划，而不是思考对他们最有用的是什么。

违约会影响我们的决定，甚至影响我们的生命，这一事实似乎显而易见，其实违约最终远比直觉所感受到的更为重要。关于违约的力量的经典案例，来自器官捐赠领域。在美国的许多州里，美国公民在申请驾照或其他身份证明时，可以同时选择同意捐赠器官。在这些州里，除非你主动选择，否则你不会自动进入器官捐赠系统——这就是默认选项。想一想，如果你的州自动将你纳入器官捐赠系统，当然你也可以选择退出该系统，会有什么结果呢？心理学家埃里克·约翰逊和丹·戈尔茨坦做了一项实验，研究了11个欧洲国家的器官捐献政策和器官捐献比例，其中有四个国家需要公民选择是否加入器官捐献系统，有七个国家需要公民选择是否退出器官捐献系统，前者的器官捐献率在4%到28%之间，而后者的器官捐献率在86%到100%之间。[16] 既然我们的主要目标是尽可能挽救更多的生命，那么选择是否退出政策显然优于选择是否加入政策。然而，美国许多州至今仍然保持其无效策略，即要求公民选择是否加入器官捐献系统，美国每年都有成千上万的人死于器官短缺。[17]

在《助推》一书中，泰勒和桑斯坦记录了许多其他非常有效的助推行为：在食堂里，方便人们选择健康餐食；通过鼓励人们提前计划投票日活动，来提高投票率；对于可以预测和可以预防的疾病，通过短信提醒大家接种疫苗。基于《助推》一书中提到的理念，"为明天更多储蓄"这一计划，鼓励员工在加薪之前，承诺提高退休储蓄率，并在每次加薪时继续提高，直到达到预设的最高限额。[18] 当然，员工可以随时选择退出该计划，但大多数人并不会这样做，其结果是储蓄率大幅提高。

助推不仅可以让你影响更多人，使其变得更好，而且还是一种非常划算的策略。什洛莫·贝纳兹、约翰·贝希尔斯、凯蒂·米尔科曼和他们的同事做了一项实验，比较助推在以下四个方面的成本效益：增加退休储蓄，提高大学入学率，节约能源，提高疫苗接种率与其他更有效的替代策略的对比（详见下图）。[19] 实验结果清楚表明，助推的力量能够让我们的行善能力实现惊人的倍增效应。

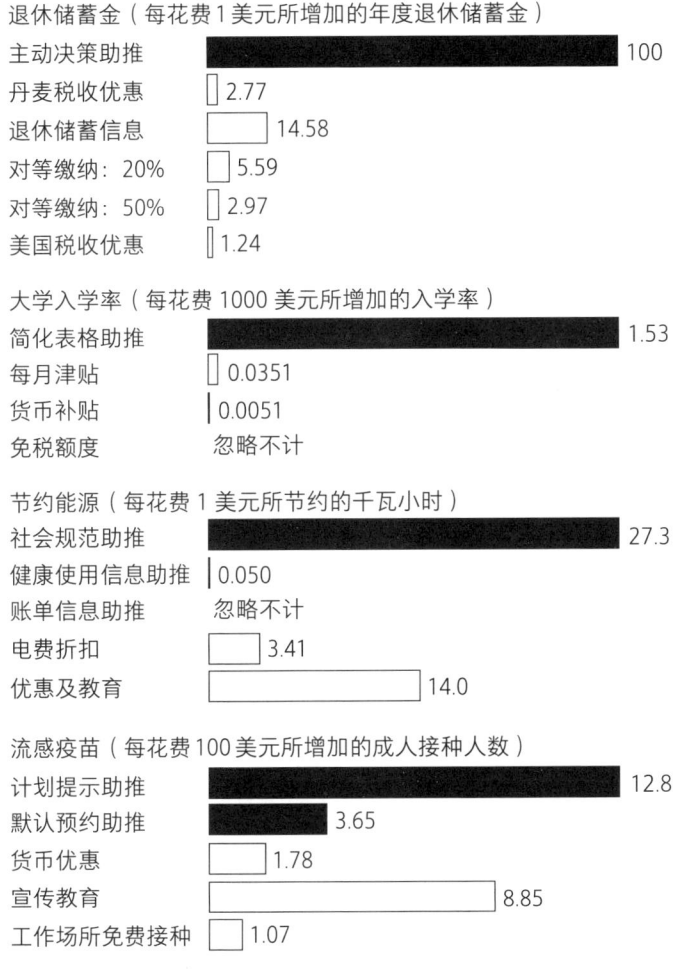

第十章 借助他人实现价值倍增

所谓的"助推组织",正在全球范围内使用选择架构来创造价值。英国的"行为洞察团队"(Behavioural Insights Team)是此类组织中的第一个,该组织利用行为科学研究的结果,改变了多项政策,取得了良好的经济效益,深受民众欢迎。英国的"行为洞察团队"已经完成大约1000个实地实验,这些实验都旨在通过心理学思维和实地实验来探寻更好的政府管理模式。这些实验提高了入学率,增加了警察队伍的多元化程度,降低了医疗预约的缺席率等。

实际上,任何担任领导职务的人都可以把选择架构当作一种工具来指导他人做出明智的决策,为自己同时也为社会创造更大价值。在许多情况下,仅仅通过对形式做出相当小的更改就可以改进成百上千的决策。通过这样做,可以让自己为世界创造美好事物的能力实现倍增。

构建捐赠者网络

我夫人玛拉的职业涉及许多领域:企业界、学术界、咨询业、专家证人、教育界、消费者权益倡导者、调查记者、政治博客作者、慈善家。玛拉对有效利他主义运动持半信半疑的态度,她曾接触过有效利他主义世界的学术领袖和专业领袖,但她的慈善偏好与他们的不一致。但是,玛拉是一个能实现倍增效益的人,她的观点影响了许多人,人们千方百计都要听取她的观点,我家客厅里经常挤满了受玛拉激情影响的人。

长期困扰玛拉的一个问题是:我们知道许多人在生活中很成功,但在她看来,这些人在帮助有需要的人方面,给予的太少。在这个问题上,玛拉与麦卡斯基尔是一致的。当人们走进我家客厅时,玛拉做了一件了不起的事情:说服这些人,把多余的财富捐出来,捐给她当时所支持的任何慈善机构。人们也许认为,这会使到我家做客变得不那么吸引人,但玛拉热情、机智,是一个很有趣的谈话对象——她每年会带好几百人来我们家,上述品质无疑有助于她待客。

如前所述,玛拉还有更正式的身份,她是"慈善联系"的联合创始人之一,该组织的使命是激励女性将资金集中起来,通过向慈善组织提供赠款的形式,为生活在马萨诸塞州的低收入个人和家庭提供服务。玛拉之所以要创立"慈善联系",是因为她坚信,人们尤其是女性,愿意提供更多的捐赠,前提是:她们能更多地了解所在领域的人们的需求,还能够方便地与非营利性组织领导人会面,并建立私人关系。

"慈善联系"关注的焦点问题是:理论上,许多女性有意愿、有能力捐赠更多,但实际上却并没有捐赠,原因是没有人要求她们捐赠,或者她们没有足够的信息,因而不确信自己的捐赠是否会得到很好的利用。玛拉也会对男性说同样的话,但她选择将该慈善机构的重点放在女性身上。作为"慈善联系"的会员,每名妇女每年需要支付1175美元的会费,其中1000美元捐赠给有关慈善机构,捐赠程序是非常民主的,剩余的175美元用于机构日常开支和组织社交活动,这些活动为"慈善联系"会员及其资助的组织提供了面对面交流的机会。正是有了这样的交流,"慈善联系"能够把更多的非营利性组织介绍给自己的会员,会员则愿意付出更多努力,从而扩大其影响,其努力方式主要是两种:在上述非营利性组织的董事会中任职,即通过付出自己的时间做贡献;向这些非营利性组织做出更多的捐赠。

这里有一个很好的例子，说明"慈善联系"对非营利性组织的影响。"希望指导"（Silver Lining Mentoring）是一家非营利性组织，旨在通过建立指导关系和学习基本生活技能，帮助寄养家庭的青少年更好地发展。在两个年度资助周期中，"慈善联系"捐赠给"希望指导"的金额达到 5.6 万美元。科尔比·斯维特伯格是"希望指导"的前执行董事，现在是"希望指导"的姐妹组织"希望研究所"（Silver Lining Institute）首席执行官，据他说，"希望指导"不仅直接从"慈善联系"获得了捐款，还通过"慈善联系"的介绍，又获得了 30 名个人捐助者，以及超过 27 万美元的额外捐款。"希望指导"聘请了一名"慈善联系"会员，担任其开发总监。在"慈善联系"的帮助下，"希望指导"还见到了安娜·沃罗斯博士。

沃罗斯博士是马萨诸塞州总医院的一名医生，她很乐意与波士顿的非营利社区建立更紧密的联系，但无奈平时工作太忙，阻碍了她建立合适的联系。后来，她加入了"慈善联系"，并通过"慈善联系"接触到了"希望指导"，该组织激发了她参与慈善活动的兴趣。沃罗斯博士很快加入了"希望指导"董事会，并成为董事会领导，在"希望指导"管理委员会任职，并将"希望指导"介绍给她的同事朋友，常常主持"希望指导"举办的活动，邀请同事和朋友参加"希望指导"的筹款活动，并在"希望指导"筹款拍卖会上购物，例如，她曾在芬威公园一号球场举行的拍卖会上购物。沃罗斯博士发现，参与慈善活动不仅能为他人做好事，还能给自己带来成就感。

"慈善联系"会员还报告说，通过"慈善联系"建立的联系，他们开始将更多的钱捐给那些没有获得"慈善联系"资助的组织。"慈善联系"的直接和溢出效应，显然创造了很多好处。然而，从有效利他主义者的角度来看,"慈善联系"分配的资金,并没有发挥应有的作用。毕竟,"慈善联系"只资助波士顿大都会地区的组织;相比之下,正如我们在本书第九章中所了解到的,有效利他主义认为,我们可以通过向海外捐赠资金来扩大我们的影响力,因为海外捐赠具有更高的成本效益。但玛拉和"慈善联系"仍然达到了倍增效应,也许不是因为具体资助了哪个组织,而是因为激发了捐赠者的转变。

有效利他主义鼓励捐赠者在认知方面慎思明辨,以确定如何才能发挥捐款的最大作用。玛拉和"慈善联系"会鼓励捐赠者,在捐赠前认真评估有关慈善机构的运作情况,也会注重培养情感联系,目的是促使会员捐赠并持续捐赠。值得注意的是,如果没有这些情感联系,捐赠者可能不会把钱花在非洲的疟疾预防上,而是会把更多的钱留给自己的孩子。通过提供专业知识和社会联系,玛拉展示了独特的能力,激发了人们隐藏的慈善愿望。

作为一个更相信有效利他主义运动的人,我显然认为"慈善联系"本应该专注于为最有效的事业筹集资金。但玛拉的回应也是有道理的,她认为大多数"慈善联系"的会员根本不会与以下慈善组织联系:将大部分捐款用于帮助距离美国数千英里外的人民或拯救遭受痛苦的鸡。玛拉使得捐赠者的数量实现了倍增效益,而不是让每捐赠一美元所创造的"质量调整生命年"出现倍增效益。

传授你的价值观

正如我曾提到的,我是教授谈判课程的老师——已经教了很多年了!自1984年以来,我一直在教谈判,我的授课对象是工商管理硕士和高管学生。我曾在麻省理工学院斯隆商学院、西北大学凯洛格商学院、哈佛大学肯尼迪政府学院和哈佛大学商学院教授谈判。我还为 30 个国家的几十家知名企业教授企业课程。粗略估计,我已经亲自给 3 万多人授课,教他们如何更有效地谈判。幸运的是,我喜欢教谈判。

当人们听说我教谈判时,他们想当然地认为,我是教人如何砍价,或者让人们做自己想让他们做的事。我确实做了一些这样的事,但我做的更多的是更有意义、更重要的事情:我教学生理解他人的决定,了解他人的需求,并寻找创造价值的机会。我在本书第三章中曾简要提到,研究谈判的学者认为,最复杂的谈判是由以下两者之间的张力构成的:创造价值的需要和索取价值的需要。[20] 谈判教师在世界上创造价值最重要的方式之一,是帮助成百上千的学生,打破其固定思维模式的迷思,找到创造性的、互利的解决方案,从而通过自己的努力创造价值。

对于与人分享有关自己利益的信息,谈判者通常会感到很紧张,因为害怕对方会利用这些信息来索取价值,但事实上与对方分享信息是创造价值的重要组成部分。作为一名教师,我可以影响自己的学生,教会他们欣赏价值创造的长期利益,而不必在意索取价值的短期损失。在这个过程中,我们朝着北极星的方向前进,为所有人带来最大的积极利益。

除了教授谈判课程之外,像其他老师一样,我还需要做出很多决定,事关教什么和如何教的问题,这些决定可能会对许多学生产生深远的影响。我可以决定,在多大程度上关注我所教授主题的道德层面。虽然我在教书,不是在说教,但我可以决定,在什么时候分享我的看法，谈谈在特定情况下，什么才是符合道德的决定。我可以决定，应该讨论一下政治问题，因为这样做可以影响学生，助其创造更多价值。[21] 大多数教师都有这样的选择，我鼓励所有教师认真思考自己所能创造的价值。

我们老师还可以通过自己的生活方式来影响他人的行为准则。我们能否匀出时间和有需要的学生谈话，给他们提建议，帮助解决困扰他们的难题？我们能否花五分钟时间认真回复一封电子邮件，以便让收件人受益，尽管此人也许是我们今生永不会谋面之人？正如多莉·丘所问的那样，我们能否花 30 秒钟的时间来学习一个学生的名字的发音，这样他们才会感觉受到尊重和被人看见？作为教师，我们不仅可以通过自己的生活方式创造价值，我们还可以创造一套行为准则，其他人可能也会遵循这些准则。

除了给数万名学生授课，我还积极参与培训下一代学者，培训领域主要涉及谈判、行为经济学、伦理学。我花了几千个小时，专注于和下一代杰出学者合作，我合作指导的学者已有好几十位了。以下是我的网站：https://scholar.harvard.edu/bazerman/advise-network。我为该网站上的数字感到骄傲，这些数字不仅包含我的学生，还包含我学生的学生，以及其他人，现在他们中的绝大多数都已经是教授了。我的研究团队成员构成广泛，是一个深知自己正在从事价值创造的集体，对此我感到非常自豪。这些成功的教授，事业发展如日中天，都在为世界创造价值。托德·罗杰斯是哈佛大学肯尼迪学院的教授，在提高成年人投票率，以及提高儿童入学率方面，他所做出的贡献，可能比世界上任何一个人都要大。唐·摩尔是加州大学伯克利分校哈斯商学院的教授，他出版了专著《完全自信》(*Perfectly Confident*)，并与人合著了《管理决策中的判断》一书，他是改进我们决策方式的重要学者。安·特布伦塞尔是圣母大学的教授，也是《盲点》一书的合著者，还是行为伦理学领域最重要的学者之一。多莉·丘是纽约大学的教授，也是《你想成为的人》一书的作者，她在TED发表演讲，听众有400多万人，她鼓励听众努力达到自己的道德标准，本书"不求完美，但求更好"的主题，也是受她启发。凯蒂·米克曼是宾夕法尼亚大学沃顿商学院的教授，也是《蜕变》（*Change for Good*）一书的作者，她非常有天赋，致力于对行为改变做出量化研究，这些行为改变能够让世界变得更加美好。很抱歉，我在这里有吹嘘之嫌，其实还有很多接受过我指导的人，他们也都做出了自己的贡献。我们的这个学者群体有一个明确的准则，即乐于助人，有时候一个人的举手之劳可以为另一个人创造巨大价值。

令人不解的是，这些学者把他们的成功部分地归功于我，提名我角逐多项大奖，好像我为他们做出了多大的牺牲似的。一个不算秘密的秘密是，在指导他们的过程中，我没有付出任何牺牲。和他们一起工作，我自己的生活变得更加美好了。这在很大程度上正是我愿意花这么多时间指导的原因：我做的工作越多，得到的也越多，世界也因此变得更加美好。这是成功的合作、指导、教学的本质。这与利兹·邓恩和迈克尔·诺顿的研究一致，他们的研究表明，捐钱是一种非常成功的增加自己幸福感的策略，我还认为，付出时间同样也能增加自己的幸福感，尽管他们没有对此进行测试。[22]

顺便说一句，教师不仅仅是那些通过教书获得报酬的人，其实我们每个人都是教师：父母是教师，教练和导师是教师，政治家和管理者也是教师。如果我们教得好，可以影响自己的学生，影响其在未来几十年创造价值的方式。

勇担风险

托马斯·马尔萨斯是英国的神职人员，也是一名学者，他在 1798 年指出，人口的增长速度，远远快于我们创造足够食物养活所有人的能力，如果不采取干预措施，世界将走向灾难，这些灾难包括大规模疾病流行、过早死亡、饥饿、战争，马尔萨斯的追随者把上述所有灾难称为"马尔萨斯灾难"。在此后的 200 多年时间里，世界上发生了许多可怕的事件，人口也出现了显著增长，幸运的是，并没有发生所谓的"马尔萨斯灾难"。马尔萨斯显然低估了人类的创新能力，这种创新能力正是社会繁荣的原因之一。[23]

美国农学家诺曼·博洛格不是一个家喻户晓的名字，但有人认为正是有他，人类才避免了马尔萨斯危机，他挽救了多达 10 亿人的生命。马尔萨斯认为，粮食产量的增长是线性的，但在 20 世纪 40 年代至 70 年代末期，即绿色革命期间，农业发展取得了长足进步，高效的农业创新层出不穷：高产谷物品种的推出、管理技术的现代化，以及向农民分发杂交种子和合成肥料。博洛格开发了一种高产、抗寄生虫的小麦杂交品种，该品种可以在多种气候条件下生长，且不受日照量影响。博洛格的"矮秆品种"解决了小麦长高带来的问题：小麦秆不能食用，其生长会消耗大量能量，在生长过快时，还会面临折断的问题。

博洛格的工作始于北美，20 世纪 60 年代，他便开始关注印度和巴基斯坦，并在东南亚解决普遍存在的饥荒问题上，发挥了关键作用。他的工作使得印度和巴基斯坦的小麦收成大幅提高，从 60 年代初到 70 年代末增加了 600%，南亚次大陆首次跻身小麦净出口产区。博洛格也荣获了诺贝尔和平奖、国会金质奖章，以及总统自由勋章。

许多专家预测，到 2050 年，我们将无法为世界人口生产足够多的蛋白质。但这些预测是基于目前生产动物蛋白质的方法，从而忽略了美食运动带来的革命。具体而言，他们忽略了我们很快就能生产出真正的动物蛋白质，这种生产方式是可持续的，因为不用伤害到别的动物。本书第八章中提到了乌玛·瓦勒蒂和孟菲斯肉食，虽然我们并不清楚他们能否解决蛋白质短缺的问题，但有一点是可以肯定的，那些创新解决这些问题的人，除了创造产品之外，还有创造价值的巨大潜力。值得注意的是，科学家和企业家试图通过创新来创造巨大价值，他们承担着高风险的赌注，也愿意冒失败的风险。这种接受不确定性的意愿，本身就是为未来创造倍增效益过程的一部分。

在扩大自己的影响力方面，很少有人能够做得像诺曼·博洛格那样好，但只要我们认真思考如何才能创造更多价值，我们所有人就可以做得更好。无论我们是否变得更加慷慨，无论我们是否在意自己的慷慨，无论我们能否影响他人，无论我们能否创新，只要我们努力实现价值创造的倍增效益，我们就一定可以做得更好。

第十一章
以可持续的方式做出好的决策

2019年春季，我正在撰写这本书，大约写到一半时，我参加了学校的一场演讲会，主讲人是马克·布道尔森，他是佛蒙特大学的哲学家，当时正在哈佛大学的萨夫拉基金会伦理学中心进行为期一年的访学。马克在萨夫拉基金会伦理学中心发表演讲，主题是如何比较不同动物物种的痛苦和快乐，我觉得这个话题很有意思。演讲结束后，我给他发了一封电子邮件，邀请他面谈，以便进一步讨论他的演讲内容。我们见面时，我谈了自己的想法，主要是不求完美但求更好的目标。我们见面后，他发来了一封电子邮件，对你现在正在阅读的这本书提出了建议，建议本书主题"向可持续性概念靠拢，专注于寻找利他主义的'最大化持续水平'。这类似于通过追求最大化持续（经济）产量，来管理成熟渔业的想法"。我通过推特回复了马克的建议，提出了"最大化持续向善"的概念。

马克提到的"最大化持续产量"是一个环境管理概念。"最大化持续产量"的理念旨在通过捕获通常会添加到种群中的个体，将种群规模保持在最大增长率水平，从而使种群可以无限期地繁衍下去。"最大化持续产量"不同于当年可能获得的最大捕获量或收获量，因为如果你捕获了鱼池中所有的鱼,就不会有任何鱼留下来,将来再为你繁殖更多的鱼。事实证明,很多人已经想到"最大化持续产量"的问题,早在20世纪30年代,美国新泽西州贝尔马的渔业界就已经开始践行该理念了。[1] "最大化持续产量"是环境领域的常用概念,特指与环境相适应的行为。[2]

我在本书中指出,如果人们追求的目标远远超出了自己的最大化持续向善,例如,追求纯粹的功利主义或完美的正义,人们可能会本能地排斥该目标,认为它是不合理的或不能实现的;更不用说,这样的做法,有可能会妨碍其他人,令其放弃努力,不再试图做得更好。相比之下,不求完美但求更好的目标,却被公认为是更可行的目标。我们可以试想一下,自己能创造多少价值,这样我们就能继续过一种有目的、更愉快的生活,并保持进一步提高自己能力的希望,在未来创造更多的善举。对大多数人来说,这意味着今年创造的价值比去年创造的价值有适度增长。我发现,人们大都认可这个目标,认为该目标是合理的、能激励人的、大有裨益的。

这一想法也与最新发布的联合国气候变化报告不谋而合,该报告警告说,除非人类改变饮食,否则无法有效遏制温室气体的排放,甚至达不到早期的悲观预测。这份报告是由政府间气候变化专门委员会发布的,该报告关注用来牧养牛和其他肉类牲畜的土地,呼吁富国公民减少肉食量,更多转向植物性饮食。为何不索性建议人们都变成素食者呢?委员会成员汉斯-奥托·珀特纳说:"我们不想告诉人们应该吃什么。"[3]该委员会可能已经意识到,许多好心的肉食者可能会忽视成为素食者的建议,但却会认真考虑降低肉类消费量的建议。

我能坚持下去吗

在本书第一章开篇之际,我提到了"有效利他主义大会",参会者都赞成有效利他主义,我在这些人面前接受了采访。采访者问我的第一个问题是:"你认为自己是一个有效的利他主义者吗?"[4]对于这个问题,我的答复不是三言两语可以说得清楚的,但既然采访者希望我回答"是"或者"否",那我就从"否"开始我的回答吧。然后我接着说道,现场有好几百人,都在聆听我的发言,这些人都是有效利他主义者,在他们面前,我不想声称自己是有效的利他主义者,因为我经常会有不完美的行为,比如喝牛奶,穿皮革,没有把收入的50%捐给慈善机构,我捐款的对象并非有效利他主义社区指定的非政府组织。我认为,对我们所有人来说,利他主义的有效性,以及更广范围内的道德行为,可以体现在不断变化的连续性中。采访者的提问,与促使我写这本书的原因有关。我试图描述什么是完美、什么是阻碍我们达到完美境界的障碍,以及我们如何才能朝着正确的方向前进。经过这一番探索,我认为今年我所创造的价值,要比2018年我被问到这个问题时更大。因此,我现在的自我评估是:我称得上是一个更有效的利他主义者。

美国广播公司记者丹·哈里斯出版了专著《让快乐增长10%》(*10% Happier*),他在该书中指出,正念并不能解决所有问题,但是有效地实施正念,可以让我们的快乐增长10%。[5]我对正念持不可知论态度,但我很欣赏哈里斯的态度,他认为没有哪种特定的自助干预能让我们完全快乐起来,这种期待本身就是不合理的,但如果能让我们的快乐增长10%,却是一个伟大而现实的目标。同样,如果在未来一年，你所创造的价值比去年增长了10%，那将是一个极大的成就。尽管很难精确量化，但10%听起来像是一个虽然困难，但却可以实现的目标。相比之下，对大多数人而言，让价值增加70%或80%，听起来不合理，当然，如果你认为该目标有可能实现，那就努力去争取吧。我们所有人都可以想想，自己在行善方面所能做到的最大可持续改变是什么。有的改变，只需要我们运用积极智慧；有的改变，却需要我们做出一定牺牲，才能让世界变得更加美好。这些改变，也许不能让我们变得完美，却能让我们变得更好。

另一个类似的例子是饮食，我们可以考虑一下，如何才能在饮食方面做到最大化持续向善。我身高1.88米，算是比较高的，看上去并没有超重。大约15年前，我发现自己的血脂水平异常，尤其是甘油三酯。经过调研，我找到了波士顿心脏病专家弗兰克·萨克斯博士，他在血脂方面进行了大量重要的基础研究。他给我开出的治疗方案是：服用他汀类药物，多运动，饮食中减少不健康脂肪的摄入。那时，我已经是一个素食主义者，我的饮食算是相当健康的。因此，发现自己的血脂水平异常，对健康构成了威胁，确实令我有些想不通。我真的很喜欢尝试各种有趣的食物，适量地喝点小酒。饮食是我的快乐源泉，同时我又渴望健康长寿，那么，如何才能平衡这两方面的需求呢？首先，我不再交纳哈佛大学的停车费，迫使自己步行上下班，每天能走一万步。其次，在萨克斯博士的激励下，我在食品方面做出了一系列明智的选择。我很高兴放弃黄油，而用橄榄油取而代之。我不再吃普通的面包，但当更健康的面包摆在我面前时，我仍然可以吃面包。我大幅减少了冰激凌的摄入量。我只吃自己喜欢的更健康的比萨，但不再吃普通的比萨。关于酒，我喜欢赤霞珠葡萄酒和黑啤酒，如果你对具体品牌感兴趣，我可以告诉你，我最喜欢以下四种品牌的赤霞珠：银橡树、红杉林、格罗斯、斯通街。关于黑啤酒，我最喜欢山姆·史密斯的巧克力黑啤酒。做了一些调研后，我发现赤霞珠比黑啤酒更有利于健康，于是我增加了赤霞珠的饮用量，而减少了黑啤酒的饮用量，这给黑啤酒制造商带来了损失。我不再吃饼干和馅饼了，薯条也吃得更少了。虽然这些变化意味着需要调整生活方式，但却不需要承受多大的痛苦。总的来说，我的饮食变得更健康了，血脂水平得到了显著改善，我总算找到了一个最大限度的可持续饮食方案。

彼得·辛格强调，为了竭尽所能做最多的善事，从实践的角度来看，需要我们具备良好的适应性。[6] 他举了茱莉亚·怀斯的例子，茱莉亚住在波士顿地区，是利他主义运动的领军人物之一，在决定是否要孩子时，她也曾面临激烈的思想斗争。作为一个有效利他主义者，她担心抚养孩子的费用，例如，食物、教育、大学等，会影响她和丈夫尽可能多地向慈善机构捐款的能力。但她也明白，如果没有孩子，势必会令她情绪低落、郁郁寡欢，这会降低她在其他诸多方面改善世界的效果。2019 年，我在写这本书时，茱莉亚是慈善机构"尽力捐赠"的总裁，同时也在"明智捐款"董事会任职，并开设了自己的博客网站："快乐地给予"（Giving Gladly），她的博客内容主要是关于有效利他主义的。她和丈夫目前有两个孩子，一个 5 岁，一个 3 岁，他们对自己的孩子非常自豪，他俩继续捐出收入的一半，捐给他们能找到的最有效的慈善机构。她似乎已经想出了办法，能够在不追求完美的情况下做得更好。

以可持续的方式影响他人

想象一下，你的目标是尽量减少动物肉类的消费量。你也愿意劝说朋友们减少他们的动物肉类消费量。某天，你和一个朋友约好共进午餐，这家餐厅你已去过多次。当你到达餐厅时，他给你发来短信，说要晚到一会儿，让你给他点一个素食汉堡。他是一个肉食者，以前从未来过这家餐厅，你可能意识到，鉴于你的饮食习惯，他可能只是在试图保持礼貌。你马上就会发现，这是一个让他吃更多植物性产品的机会。菜单上有两种选择，你以前都吃过。一种是味道很好的普通素食汉堡，但并不是严格意义上的素食，因为汉堡中有鸡蛋，用来润湿汉堡并黏合配料。另一种是严格意义上的素食汉堡，口感干燥、平淡无味，你自己都不喜欢这种汉堡。你会为食肉朋友点哪种汉堡呢？托拜厄斯·里纳特出版了专著《如何创建严格的素食世界：一个务实的方法》（*How to Create a Vegan World: A Pragmatic Approach*），他在该书中指出，虽然严格素食汉堡可能是更理想的选择，但普通素食汉堡更有可能对你的朋友产生积极影响，并创造最大限度的可持续性好处。[7]因此，为了让其他人走向更大的善，思考什么样的变化是可行的和可持续的，这才是有用的办法。推而广之，影响他人的最佳方式是琢磨并理解其心态，而不是一味地专注于无法达到的理想状态——这是我在本书开头的逸事中没有做到的，当时有个陌生人自称是吃鱼的素食者，我还嘲笑此人是一个"渔夫素食者"。

可以享受自己日益增长的善举吗

法国哲学家奥古斯特·孔德创造了"利他主义"一词，他对该词的定义是："为他人利益而做出的自我牺牲。"孔德认为，"唯一有道德的行为，是那些旨在促进他人幸福的行为"。[8]孔德坚信，如果一项行为的出发点，不是为了增进他人的福祉，而是另有原因，那么该行为在道德上就是不合理的。孔德的观点比较极端，按照他的说法，一旦你从慈善捐赠中获得了税收减免，那么这种捐赠就不再是利他主义的了。如果你很享受自己的慷慨行为，或者认为这种行为是"开明的私利"，那么也不符合孔德的利他主义标准。再一次，我发现哲学家的标准过于极端了。没有人能达到孔德的标准，这种想法可能会让人不愿意去尝试，并限制人们实际能创造的价值。我更欣赏马丁·路德·金的观点，他说："每个人都必须做出决定，是要行走在创造性利他主义的光明中，还是行走在毁灭性自私自利的黑暗中。"[9]很显然，金相信，创造性利他主义会让生活变得更有意义、更加愉快。

  进化学者相信，利他主义具有进化的根源——合作和慷慨，有利于提高物种的生存概率。但利他主义还有其他基础，例如，系统2思维。社会心理学家认为，利他主义是亲社会行为的一个方面，亲社会行为是指无论动机如何或给予者如何受益，都会使他人受益的行为。关于人们从事亲社会行为的原因，心理学家归纳如下：这样做，可以激活大脑中的快乐中心，让我们体验到别人对自己友善行为的积极认可，使我们能够满足社会规范，并获得情感上的好处。因为利他主义者能够获得上述好处，因此不符合孔德对利他主义的定义。确实有一些心理学家认为，真正的孔德式利他主义是存在的。但另外一些心理学家则不同意这种看法，他们认为，人们总是会从自己的行为中得到某种回报。我经常听到有人批评利他主义行为，认为这样做，总有一些不可告人的自私动机，比如"他们这样做是为了得到认可"。然而，实际上在孔德看来,所有可以称之为利他主义的行为,或者说几乎所有这样的行为,都有可能使利他主义者受益,然而不管怎样,这些都是我们想要鼓励的行为。人们总是会从自己的利他主义行为中获得好处,我们应该接受这个现实,而不是批评他们,因为他们正在创造更多的价值。

上述结论也有例外的时候:我不支持与腐败有关的慈善捐款。例如,前面章节曾提到的大学招生录取的事,有的学校会在录取中照顾校友子女。因此,如果有人试图通过"金钱收买"的方式进入精英机构,我绝不赞成这种行为,因为这种腐败行为会降低价值,具体原因我在本书第四章中已经详细讨论过了。但是,如果有人以创造价值为荣,甚至想通过创造价值来得到公众的认可,我们应该给予他们这种荣誉——这将鼓励他们在这个过程中创造更多的价值。为自己做得更好而自豪,这并没有什么过错,这种自豪不会剥夺我们行为的内在优点。事实上,创造价值有其内在原因,在此基础上,再加上外在原因,就能促使人们做得更好。

有些人担心,追随功利主义的北极星,会让人在变得更好的过程中失去人生的乐趣。我们都认识这样的人,他们对某项事业充满巨大的热情。通常,这是一项有效利他主义不会推荐的事业。最大化持续向善必须以失去激情为代价吗?这是否意味着需要太多的认知而没有足够的情感?这两个问题的提出,都是合情合理的。然而,我在许多人的想法和行动中都看到了惊人的激情,例如,乌玛·瓦勒蒂和布鲁斯·弗里德里希等人,他们一直在努力寻找,如何才能尽可能做到最好。即使他们不知道自己在帮助哪些人或哪些动物,或者完全不认识那些从他们的善行中受益的人,他们也会感到无比自豪,因为自己有能力创造高水平的可持续善举。就我个人而言，我渴望创造更多善举，在创造更多善举的过程中，我同时也很享受自己所扮演的角色。

勇往直前

也许，你是那种喜欢评价自己的人。那么，请扪心自问，你是否已经做到最大化持续向善？令人欣慰的是，对于这个问题，已经有一些大家普遍接受的衡量指标：你今年的慈善捐款总额与去年相比增减情况如何？接受你捐赠的组织，与去年相比，今年的效率如何？对于自己的道德选择，你是否考虑得更加周全了？你是否减少了浪费，并更明智地利用时间？对于那些与我们共享这个地球的其他人和其他生物，你是否打算以更加平等的态度对待他们？你是否在为子孙后代考虑，并采取措施更好地保护他们？

与思考自己是否满足道德的哲学定义相比，回答上述问题可能更加令人愉快。也许你不仅想回顾过去，还想思考未来。也许你也同意我的观点，认为自己明年应该比去年做得更好才对，但是要如何才能做到这一点呢？对我来说，部分答案是从简单任务开始着手。当你考虑如何做出决策时，请先想一想如何才能帮助别人、如何才能做出明智权衡、如何才能减少浪费，以及如何才能做出明智的捐赠决定。想想你现在的所作所为，你是否会推荐其他人也这样做呢？如果不推荐，那原因是什么呢？怎样才能改掉坏毛病，养成好习惯呢？过去的十年里，我在说出"是"之前通常会更加仔细地思考，对慈善事业的捐助也比过去更多了，在选择慈善捐赠对象时做出了更明智的决定，努力为学术共同体提供更多力所能及的帮助，把更多的时间贡献给重要的慈善团体，努力增强环保意识。然而，在通往功利主义行为北极星的道路上，可谓前路漫漫。在这条通往最大化持续向善的迷人道路上，希望明年的我距离目标更近一步，尽管还有很长的路要走。希望这本书也能帮助你走上同样的道路。

致 谢

多年以前，我进入宾夕法尼亚大学修读会计专业，打算在完成本科学业后，就进入职场开始工作。那时，我还是一个18岁的青年，非常务实，从来没有想过要选哲学课。现在我是多么希望那时就知道哲学是多么实用啊。

后来，1990—1991年，我参与了西北大学凯洛格商学院的招聘工作，招聘一名伦理学教授，这在当时是一项艰巨的任务。当时，商学院尚未开展行为伦理学方面的研究，西北大学要找到一位有学历、有资格获得终身教职的学者非常困难。我建议招募大卫·梅西克，他是加利福尼亚大学圣塔芭芭拉分校的心理学教授。大卫是一位备受尊敬的社会心理学家，他的研究领域包括公平、社会比较过程，以及其他与伦理相关的人际关系过程。当时，我的目标仅仅是帮助学校应对一个复杂的招聘挑战，从来没有想过这个招聘决定将改变我自己的研究轨迹。

大约就在大卫来到凯洛格商学院的同时，安·特布伦塞尔也开始就读我们的博士课程，她与大卫在一起工作，也和我在一起工作。渐渐地，我们都在一起工作了。但我显然认为大卫和安是凯洛格商学院组织行为系的伦理学师生，而我自己则是决策和谈判方面的研究员和教师。然而20世纪末，当我离开凯洛格商学院去哈佛大学时，我的研究中已经有相当一部分与伦理问题有关。

在哈佛大学期间，随着对行为伦理学的兴趣日渐浓厚，我经常与多莉·丘和马赫扎瑞·班纳吉在一起，并合作撰写论文，我还学习了很多关于伦理行为心理学方面的知识。我们的研究丰富了有限道德的概念，即好人也会干坏事，其干坏事的方式是可以预测的、成体系的。

2005年，乔舒亚·格林到哈佛大学心理系任教。2006年3月，我俩很快在午餐时间联系上，发现我们对许多伦理问题看法一致。乔舒亚完全属于功利主义哲学家的阵营，他在普林斯顿大学获得哲学博士学位，然后继续从事博士后研究，主要研究的是神经社会心理学。自2006年以来，我和乔舒亚合著了许多论文；对我来说更重要的是，乔舒亚一直是我的哲学导师。刚遇到乔舒亚时，我对哲学知之甚少。我俩在一起工作时，乔舒亚有两点让我印象非常深刻：他的思维很清晰，他在进行伦理分析时通常会用到北极星的概念。你在这本书中读到的大部分内容，都源于我与乔舒亚的交流。

我写这本书，花了很长时间，因为我经常需要退后一步，去读一些哲学书籍。我读得越多，就越能明白自己想要达到的目标。一次又一次，我在彼得·辛格的著作中，读到了非常清晰的逻辑，例如，他的《实践伦理学》。乔舒亚写了一本了不起的书《道德部落》，每当我和他谈起该书时，他经常会提到很久以前辛格就曾写过一本主题类似的书。当我写这本书的时候，我同样觉得自己深受格林和辛格之前作品的影响，我希望自己能够在他们的作品基础之上，提供一些新鲜的见解。

我也从美食运动中受益匪浅，该运动的成员都致力于积极减少动物的痛苦,他们创造了新的基于植物的蛋白质和养殖肉类,以满足全世界对蛋白质的需求,从而不让动物遭受目前的痛苦。正如你所看到的,自 2018 年以来,这个替代蛋白质的世界,对我产生了巨大影响。我在该领域的导师包括雷切尔·艾奇森、艾米·特拉金斯基、布鲁斯·弗里德里希、艾隆·斯坦哈特、塞巴斯蒂亚诺·科西亚·卡斯蒂格利奥尼、马克·兰利、苏珊·维特卡、丽莎·费里亚、尼娜·盖曼、梅西·万豪,以及大卫·韦尔奇。许多严格素食主义者的观点非常有趣,虽然他们不一定认同本书的核心哲学观点,但他们却帮助我对自己的想法有了更清晰的认识。

我的许多朋友都知道,我对写这本书痴迷已久。我早已和人探讨过本书的想法,并在学术报告中分享了这些想法,目的是测试人们对此的看法。最近,我和一些朋友同事分享了本书初稿,初稿包含整本书所有章节。我收到的反馈数量惊人,大家的评论都非常有见地,正是他们的反馈才大大提升了本书的质量。

五位哲学家都阅读了本书的早期草稿,他们是乔舒亚·格林、彼得·辛格、威廉·麦卡斯基尔、卢修斯·卡维奥拉和马克·布道尔森。他们慷慨地帮助我,帮我了解不同哲学观点的区别究竟在哪里。安·特布伦塞尔和我一起合著了《盲点》一书,她和多莉·丘详细阅读了本书初稿,并提出了许多有益的反馈,以确保本书在行为伦理学实证文献方面做到表述准确。凯蒂·米克曼思路清晰,提供了精辟见解,帮助我更好地表达自己的想法,从而产生更大的影响。我的夫人玛拉·费尔彻和我的经纪人马戈·贝丝·弗莱明,帮我删除了很多内容,深刻地改变了本书的结构。我给心理学家道格·梅丁邮寄了样书,以确认本书开头的故事,他反馈给我的评论显然经过了深思熟虑，内容涵盖了整本书。凯瑟琳·里德博士是亚利桑那大学的妇科医生，她在哈佛商学院学习高级管理课程，我最近才认识她，她读了我近期的许多作品，其中也包括这本书，并发表了很有见地的评论。琳达·巴布科克和劳里·温加特是本书第八章的核心人物，她们帮我澄清了许多概念问题。在我所有的读者中，马里奥·斯莫尔是最具批判性的一位，他用一种有用的社会学视角来质疑我对许多问题的阐释。正是因为马里奥的反馈，才促使我改变了许多论点。贾斯汀·沃尔夫斯慷慨地对第十章提出了意见。艾比·道尔顿是我以前的同事，目前在世界银行工作，她从头到尾细读了本书，并提出了宝贵意见。

其他意想不到的人，也对本书提出了有用的反馈。马丁·卡法索是一位建筑师，现在我和玛拉、贝卡（我们家的狗狗）住在马萨诸塞州剑桥市，我们家的房子就是马丁设计的，他还拥有牛津大学的哲学硕士学位。他不仅是一名优秀的设计师和房屋建设者，还抽时间阅读了这本书，并从头到尾提出了独特见解。斯图尔特·巴瑟曼是我的远房表弟，因为我以前写过伦理学方面的文章，所以他找到了我，并聘请我担任顾问，以减少保险业务中的不诚实行为，现在我俩成了好朋友，他通读了本书的早期草稿，提出了一系列充满智慧的评论意见，希望现在你们读到的版本因他而更加精彩。马克·兰利和雷切尔·艾奇森，都是美食运动的核心活动家，他们的见解远远超越了替代性食品运动，他们令本书上了一个新的台阶。

伊丽莎白·斯维尼是我在哈佛大学的同事，是负责教员支持工作的专家，在本书整个写作过程中，她都提供了出色的编辑支持。斯蒂芬妮·希区柯克和霍利斯·海姆布克是哈珀商业项目的编辑，为本书提供了重要的编辑指导。凯蒂·肖克是我的私人编辑，我所有的书都由她负责编辑工作，她改进了本书的想法和绝大多数句子。我的写作经常受到赞扬，我尽自己最大的努力让人们明白最应该受到赞扬的人其实是凯蒂。

在回顾本书的写作过程时，我才惊讶地意识到，有很多人帮助过我，帮我完善了本书。我也意识到，正是由于他们的投入，这本书才发生了翻天覆地的变化，变得更好。我写过很多书，只有这本书需要我如此彻底地学习。我感谢所有人的慷慨帮助，感谢他们的时间、写作技巧和想法。这一切使本书变得更好，正如你们所读到的，我努力追求更好。

注 释

第一章

1. Behavioral Insights Interview with Max Bazerman—EAGxBoston 2018, April 21, 2018. https://www.youtube.com/watch?v=B8TOz25ctGw.
2. Max H. Bazerman and Ann E. Tenbrunsel, *Blind Spots: Why We Fail to Do What's Right and What to Do about It* (Princeton, NJ: Princeton University Press, 2011).
3. Ibid.
4. Howard Raiffa, *The Art and Science of Negotiation* (Cambridge, MA: Belknap Press of Harvard University Press, 1982).
5. Margaret A. Neale and Max H. Bazerman, *Cognition and Rationality in Negotiation* (New York: Free Press, 1991); Margaret A. Neale and Max H. Bazerman, "Negotiator Cognition and Rationality: A Behavioral Decision Theory Perspective," *Organizational Behavior & Human Decision Processes* 51, no. 2 (1992): 157–75.
6. Baruch Fischhoff, "Debiasing," in *Judgment under Uncertainty:*

Heuristics and Biases, ed. Daniel Kahneman, Paul Slovic, and Amos Tversky (Cambridge, MA: Cambridge University Press, 1982), 422–32; Max H. Bazerman and Don Moore, *Judgment in Managerial Decision Making,* 8th ed. (Hoboken, NJ: John Wiley, 2013).

7. Don A. Moore, *Perfectly Confident: How to Calibrate Your Decisions Wisely* (New York: Harper Business, 2020).

8. Keith E. Stanovich and Richard F. West, "Individual Differences in Reasoning: Implications for the Rationality Debate," *Behavioral & Brain Sciences* 23 (2000): 645–65; Daniel Kahneman, "A Perspective on Judgment and Choice: Mapping Bounded Rationality," *American Psychologist* 58 (2003): 697–720.

9. Daniel Kahneman, *Thinking, Fast and Slow* (New York: Farrar, Straus & Giroux, 2011).

10. Richard H. Thaler and Cass Sunstein, *Nudge: Improving Decisions About Health, Wealth, and Happiness* (New Haven, CT: Yale University Press, 2008).

11. Adapted from Philippa Foot, *Virtues and Vices* (Oxford: Blackwell, 1978); Judith Jarvis Thomson, "Killing, Letting Die, and the Trolley Problem," *The Monist* 59, no. 2 (2011): 204–17; Joshua Greene, *The Moral Self* (New York: Penguin Group, 2011).

12. Greene, *The Moral Self*.

13. James G. March and Herbert A. Simon, *Organizations* (New York: John Wiley, 1958).

14. Joshua Greene, *Moral Tribes: Emotion, Reason and the Gap Between Us and Them* (London: Atlantic Books, 2013).
15. Adapted from Philippa Foot, "The Problem of Abortion and the Doctrine of the Double Effect," in *Virtues and Vices* (Oxford: Basil Blackwell, 1978); Thomson, "Killing, Letting Die, and the Trolley Problem," 204–17; Greene, *The Moral Self*.
16. Greene, *The Moral Self*; Fiery A. Cushman, "Crime and Punishment: Distinguishing the Roles of Causal and Intentional Analyses in Moral Judgment," *Cognition* 108, no. 2 (2008): 353–80.
17. Greene, *The Moral Self*.
18. Greene, *The Moral Tribes*.
19. Foot, *Virtues and Vices*.
20. Elizabeth Kolbert, "Gospels of Giving for the New Gilded Age: Are today's donor classes solving problems—or creating new ones?" *The New Yorker*, August 20, 2018, https://www.newyorker.com/magazine/2018/08/27/gospels-of-giving-for-the-new-gilded-age.
21. Jann Hoffman, "Purdue Pharma Warns That Sackler Family May Walk Away from Opioid Deal," *New York Times*, September 19, 2019, https://www.nytimes.com/2019/09/19/health/purdue-sackler-opioid-settlement.html.
22. Anand Giridharadas, *Winners Take All: The Elite Charade of Changing the World* (New York: Knopf, 2018).

第二章

1. S. Fiske and E. Borgida, eds., *Beyond Common Sense: Psychological Science in the Courtroom* (Hoboken, NJ: Wiley-Blackwell, 2007).
2. Max H. Bazerman and Don Moore, *Judgment in Managerial Decision Making,* 8th ed. (Hoboken, NJ: John Wiley, 2013).
3. Don A. Moore, *Perfectly Confident: How to Calibrate Your Decisions Wisely* (New York: Harper Business, 2020).
4. Adapted from Bazerman and Moore, *Judgment in Managerial Decision Making.*
5. Ibid.
6. Ibid.; William H. Desvousges, F. Reed Johnson, Richard W. Dunford, Kevin J. Boyle, Sara P. Hudson, and K. Nicole Wilson, "Measuring Non-use Damages Using Contingent Valuation: Experimental Evaluation Accuracy," Research Triangle Inst. Monograph 92–1, 1992.
7. Daniel Kahneman, "Comments on the Contingent Valuation Method," in *Valuing Environmental Goods: A State of the Arts Assessment of the Contingent Valuation Method*, ed. Ronald G. Cummings, David S. Brookshire, and William D. Schulze (Totowa, NJ: Roweman and Allanheld, 1986), 185–94.
8. Daniel Kahneman, Ilana Ritov, and David Schkade, "Economic Preferences or Attitude Expressions? An Analysis of Dollar Responses to Public Issues," *Journal of Risk and Uncertainty* 19, no. 1–3

(1999): 203–35.
9. Deborah A. Small, George Loewenstein, and Paul Slovic, "Sympathy and Callousness: The Impact of Deliberative Thought on Donations to Identifiable and Statistical Victims," *Organizational Behavior and Human Decision Processes* 102, no. 2 (2007): 143–53.
10. Karen Jenni and George Loewenstein, "Explaining the Identifiable Victim Effect," *Journal of Risk and Uncertainty* 14, no. 3 (1997): 235–57.
11. D. Kahneman, I. Ritov, K. E. Jacowitz, and P. Grant, "Stated Willingness to Pay for Public Goods: A Psychological Analysis," *Psychological Science* 4 (1993): 310–15.
12. P. Singer, "Affluence, and Morality," *Philosophy and Public Affairs* 1, no. 3 (1972): 229–43.
13. Nicholas Epley and Eugene M. Caruso, "Perspective Taking: Misstepping into the Others' Shoes," in *Handbook of Imagination and Mental Simulation*, ed. Keith Douglas Markman, William M. P. Klein, and Julie A. Suhr (New York: Psychology Press, 2009), 295–309.
14. Boaz Keysar, "The Illusory Transparency of Intention: Linguistic Perspective Taking in Text," *Cognitive Psychology* 26, no. 2 (1994): 165–208.
15. Moore, *Perfectly Confident*.
16. Nicholas Epley, Eugene Caruso, and Max H. Bazerman, "When Perspective Taking Increases Taking: Reactive Egoism in Social Interaction," *Journal of Personality and Social Psychology* 91, no. 5

(2007): 872–89.

17. Bazerman and Moore, *Judgment in Managerial Decision Making*.

18. Dolly Chugh, "Societal and Managerial Implications of Implicit Social Cognition: Why Milliseconds Matter," *Social Justice Research* 17, no. 2 (2004): 203–22.

19. 2020年，我在写这本书时，特朗普是美国总统，他几乎完全依赖系统1思维。

20. Max H. Bazerman, Holly A. Schroth, Pri Pradhan Shah, Kristina A. Diekmann, and Ann E. Tenbrunsel, "The Inconsistent Role of Comparison Others and Procedural Justice to Hypothetical Job Descriptions: Implications for Job Acceptance Decisions," *Organizational Behavior and Human Decision Processes* 60, no. 3 (1994): 326–52.

21. Iris Bohnet, Alexandra van Geen, and Max Bazerman, "When Performance Trumps Gender Bias: Joint Versus Separate Evaluation," *Management Science* 62, no. 5 (2016): 1225–34.

22. John Rawls, *A Theory of Justice* (Cambridge, MA: Harvard University Press, 1971).

23. Joshua D. Greene, Karen Huang, and Max Bazerman, "Veil-of-Ignorance Reasoning Favors the Greater Good," *Proceedings of the National Academy of Sciences of the United States of America* (in press).

24. Claudia Goldin and Cecilia Rouse, "Orchestrating Impartiality: The Impact of Blind Auditions on Female Musicians," *American*

Economic Review 90, no. 4 (2000): 715–41.

25. Linda Chang, Mina Cikara, Iris Bohnet, and Max H. Bazerman, ongoing data collection.

第三章

1. Lucius Caviola, Nadira Faulmuller, Jim A. C. Everett, Julian Savulescu, and Guy Kahane, "The Evaluability Bias in Charitable Giving: Saving Administration Costs or Saving Lives?" *Judgment and Decision Making* 9, no. 4 (2014): 303–15.
2. Deepak Malhotra and Max H. Bazerman, *Negotiation Genius* (New York: Bantam Books, 2007).
3. Program on Negotiation email, "Sunday Minute," September 16, 2018.
4. Tejvan Pettinger, "Benefits of Free Trade," EconomicsHelp, July 28, 2017, https:// www.economicshelp.org/trade2/benefits_free_trade/.
5. Steven Kuhn, "Prisoner's Dilemma," in *The Stanford Encyclopedia of Philosophy* (Winter 2019), https://plato.stanford.edu/archives/win2019/entries/prisoner-dilemma/.
6. A. W. Tucker, "The Mathematics of Tucker: A Sampler," *The Two-Year College Mathematics Journal* 14, no. 3 (1983): 228–32.
7. Carter Racing, [A] [B] [C], Jack W. Brittain and Sim B. Sitkin, Dispute Resolution Research Centre, Northwestern University, 1988 Carter Racing Case and Teaching Notes.

8. I describe my teaching of Carter Racing in more detail in Max H. Bazerman, *The Power of Noticing* (New York: Simon & Schuster, 2014).

第四章

1. Centers for Medicaid and Medicare Services, https://www.cms.gov/Research-Statistics-Data-and-Systems/Statistics-Trends-and-Reports/NationalHealth ExpendData/downloads/highlights.pdf.
2. 在联邦贸易委员会的诸多诉讼案例中，我曾多次担任专家证人，在联邦贸易委员会对先灵葆雅和厄普舍-史密斯的诉讼中，我也是专家证人。这里所表达的观点，仅仅代表我本人，而不能代表联邦贸易委员会的立场。
3. James Gillespie and Max H. Bazerman, "Parasitic Integration," *Negotiation Journal* 13, no. 3 (1997): 271–82.
4. 在联邦贸易委员会起诉赛法隆公司的案件中，我是联邦贸易委员会的专家证人。
5. Sana Rafiq and Max Bazerman, "Pay-for-Monopoly? An Assessment of Reverse Payment Deals by Pharmaceutical Companies," *Journal of Behavioral Economics for Policy* 3, no. 1 (2019): 37–43.
6. Josh Campbell, "America's Shredded Moral Authority," CNN, June 21, 2018, https://www.cnn.com/2018/06/20/opinions/united-states-moral-credibility-is-badly-tarnished-campbell/index.html.
7. Center for American Progress Action Fund, Progress Report,

June 5, 2018, https:// www.americanprogressaction.org/progress-reports/the-cost-of-corruption/.

8. Sarah Chayes, *Thieves of State: Why Corruption Threatens Global Security* (New York: W. W. Norton, 2016).

9. James Risen, *Pay Any Price: Greed, Power, and Endless War* (Boston: Houghton Mifflin Harcourt, 2014).

10. *Washington Post* Editorial Board, "Trump Slanders Khashoggi and Betrays American Values," *Washington Post*, November 20, 2018, https://www.washing tonpost.com/opinions/global-opinions/trumps-latest-statement-on-khashoggi-was-a-betrayal-of-american-values/2018/11/20/f4efdd80-ecef-11e8-baac-2a674 e91502b_story.html?noredirect=on&utm_term=.beba86178ba1.

11. Ibid.

12. Mark Mazzetti, "Year Before Killing, Saudi Prince Told Aide He Would Use 'a Bullet' on Jamal Khashoggi," *New York Times*, February 7, 2019, https://www.nytimes.com/2019/02/07/us/politics/khashoggi-mohammed-bin-salman.html.

13. *Washington Post* Editorial Board, "Trump Slanders Khashoggi and Betrays American Values."

14. Donna Borak, "Consumer Protection Bureau Drops Payday Lender Lawsuit," January 18, 2018, CNN Business, https://money.cnn.com/2018/01/18/news/eco nomy/cfpb-lawsuit-payday-lenders/index.html.

15. *United States v. Arthur Young & Co.* (1984).

16. Max H. Bazerman, Kimberly P. Morgan, and George F. Loewenstein, "The Impossibility of Auditor Independence," *MIT Sloan Management Review* 38, no. 4 (1997); Don A. Moore, Lloyd Tanlu, and Max H. Bazerman, "Conflict of Interest and the Intrusion of Bias," *Judgment and Decision Making* 5, no. 1 (2010): 37–53.

17. Bazerman, Morgan, and Loewenstein, "The Impossibility of Auditor Independence"; Moore, Tanlu, and Bazerman, "Conflict of Interest and the Intrusion of Bias."

18. Karl Evers-Hillstrom, Raymond Arke, and Luke Robinson, "A Look at the Impact of Citizens United on Its 9th Anniversary," OpenSecrets.org, January 21, 2019, https://www.opensecrets.org/news/2019/01/citizens-united/.

19. Max H. Bazerman and Ann Tenbrunsel, *Blind Spots: Why We Fail to Do What's Right and What to Do about It* (Princeton, NJ: Princeton University Press, 2011).

20. Deborah L. Rhode, *Cheating: Ethics in Everyday Life* (Oxford: Oxford University Press, 2017).

21. Lisa L. Shu, Nina Mazar, Francesca Gino, Dan Ariely, and Max H. Bazerman, "Signing at the Beginning Makes Ethics Salient and Decreases Dishonest Self Reports in Comparison to Signing at the End," *Proceedings of the National Academy of Sciences* 109, no. 38 (2012): 15197–200, https://doi.org/10.1073/pnas.1209746109.

22. Ibid.

23. A. Kristal, A. Whillans, M. Bazerman, F. Gino, L. Shu, N. Mazar,

and D. Ariely, "Signing at the Beginning vs at the End Does Not Decrease Dishonesty: Documenting Repeated Replication Failures," *Proceedings of the National Academy of Sciences of the United States of America* 117, no. 13 (March 31, 2020).

24. https://slice.is/.
25. Max H. Bazerman, *The Power of Noticing: What the Best Leaders See* (New York: Simon & Schuster, 2014).

第五章

1. Ting Zhang, Pinar O. Fletcher, Francesca Gino, and Max H. Bazerman, "Reducing Bounded Ethicality: How to Help Individuals Notice and Avoid Unethical Behavior," *Organizational Dynamics* 44, no. 4 (2015, Special Issue on Bad Behavior): 310–17.
2. Max H. Bazerman and Ann Tenbrunsel, *Blind Spots: Why We Fail to Do What's Right and What to Do about It* (Princeton, NJ: Princeton University Press, 2011).
3. John Carreyrou, *Bad Blood: Secrets and Lies in a Silicon Valley Startup* (New York: Knopf, 2018).
4. https://en.wikipedia.org/wiki/Theranos#cite_note-20.
5. https://en.wikipedia.org/wiki/Theranos#cite_note-22.
6. Jack Ewing, *Faster, Higher, Farther: The Inside Story of the Volkswagen Scandal* (New York: W. W. Norton, 2017).
7. Ibid.

8. Ibid.
9. Lisa D. Ordóñez, Maurice E. Schweitzer, Adam D. Galinsky, and Max H. Bazerman, "On Good Scholarship, Goal Setting, and Scholars Gone Wild," *Academy of Management Perspectives* 23, no. 3 (2009): 82–87.
10. Ewing, *Faster, Higher, Farther*.
11. Ibid.
12. James B. Stewart, "Problems at Volkswagen Start in the Boardroom," *New York Times*, September 24, 2015, https://www.nytimes.com/2015/09/25/business/international/problems-at-volkswagen-start-in-the-boardroom.html.
13. Melissa Eddy, "Rupert Stadler, Ex-Audi Chief, Is Charged with Fraud in Diesel Scandal," *New York Times*, July 31, 2019.
14. Bazerman and Tenbrunsel, *Blind Spots*.
15. Ibid.
16. Brianna Sacks, "Olympic Organizations and the FBI Knew Larry Nassar was Abusing Young Gymnasts but Didn't Do Anything for Over a Year," BuzzFeed News, July 30, 2019.
17. Warren G. Bennis and Robert J. Thomas, *Geeks and Geezers* (Boston: HBR Press, 2002).

第六章

1. D. M. Messick, "Mortgage-Bias Complexities," *Chicago Tribune*,

March 1, 1994.

2. Joshua Greene, *Moral Tribes: Emotion, Reason and the Gap Between Us and Them* (London: Atlantic Books, 2013).

3. Steven Pinker, *Enlightenment Now: The Case for Reason, Science, Humanism, and Progress* (New York: Viking, 2018).

4. Anemona Hartocollis, "What's at Stake in the Harvard Lawsuit? Decades of Debate Over Race in Admissions," *New York Times*, October 13, 2018, https://www.nytimes.com/2018/10/13/us/harvard-affirmative-action-asian-students.html.

5. Anemona Hartocollis, "Harvard Does Not Discriminate Against Asian-Americans in Admissions, Judge Rules," *New York Times*, October 1, 2019.

6. Peter Singer, *Practical Ethics* (Cambridge: Cambridge University Press, 1979); Greene, *Moral Tribes*.

7. Max Larkin, "Lawsuit Alleging Racial 'Balancing' at Harvard Reveals Another Preference—for Children of Alumni," October 12, 2018, WBUR, https://www.wbur.org/edify/2018/10/12/harvard-admissions-legacy-preference.

8. 虽然这种差异并没有穷尽其他所有自变量的情况，但只和目前的对照组相比，这种差异仍然是很大的。

9. Larkin, "Lawsuit Alleging Racial 'Balancing' at Harvard Reveals Another Preference—for Children of Alumni."

10. Ibid.

11. Ibid.

12. Ibid.
13. Ibid.
14. Maggie Servais and Jake Gold, "Legacy Applicants Admitted to U.Va. at Nearly Two Times the Rate of Non-legacies in 2018," *Cavalier Daily*, July 2, 2018, http:// www.cavalierdaily.com/article/2018/07/legacy-applicants-admitted-to-at-nearly-two-times-the-rate-of-non-legacies-in-2018.
15. E. O. Wilson, *Sociobiology: The New Synthesis* (Cambridge, MA: Harvard University Press, 1975).
16. Greene, *Moral Tribes*.
17. Gerd Gigerenzer and Reinhard Selten, eds., *Bounded Rationality: The Adaptive Toolbox* (Cambridge, MA: MIT Press, 2001); Gerd Gigerenzer, Peter M. Todd, and the ABC Research Group, *Simple Heuristics That Make Us Smart* (Oxford: Oxford University Press, 1999).
18. Laurie R. Santos and Alexandra G. Rosati, "The Evolutionary Roots of Human Decision Making," *Annual Review of Psychology* 3 (2015): 321–47.
19. Greene, *Moral Tribes*.
20. Wilson, *Sociobiology*; Peter Singer, *The Expanding Circle* (Princeton, NJ: Princeton University Press, 1981).
21. Anthony Greenwald and Mahzarin Banaji, *Blindspot: Hidden Biases of Good People* (New York: Delacorte Press, 2013).
22. Amy Wu, "Scholar Spotlight: Dolly Chugh Discusses Her

New Book," Ethical Systems, October 30, 2018, https://www.ethicalsystems.org/content/scholar-spot light-dolly-chugh-discusses-her-new-book.

23. Singer, *Practical Ethics*.
24. Ibid.
25. Jeremy Bentham, *Introduction to the Principles of Morals and Legislation* (1789).

第七章

1. Tom Kemeny and Taner Osman, "The Wider Impacts of High-Technology Employment: Evidence from U.S. Cities," Working Paper, London School of Economics and Political Science, September 16, 2017, http://www.lse.ac.uk/International-Inequalities/Assets/Documents/Working-Papers/Working-Paper-16-The-Wider-Impacts-of-High-Technology-Employment-Evidence-from-U.S.-cities-Tom-Kemeny-and-Taner-Osman.pdf.
2. Dennis Green, "The Professor Who Predicted Amazon Would Buy Whole Foods Says Only 2 Cities Have a Shot at HQ2," *Business Insider*, February 12, 2018, https://www.recode.net/2018/11/9/18077342/amazon-hq2-headquarters-jeff-bezos-dc-ny-virginia-long-island-kara-swisher-scott-galloway.
3. Lauren Feiner, "Amazon Says It Will Not Build a Headquarters in New York," CNBC, February 15, 2019, https://www.cnbc.

com/2019/02/14/amazon-says-it-will-not-build-a-headquarters-in-new-york-after-mounting-opposition-reuters-reports.html.

4. Derek Thompson, "Amazon's HQ2 Spectacle Isn't Just Shameful—It Should be Illegal," *Atlantic*, November 12, 2018, https://www.theatlantic.com/ideas/archive/2018/11/amazons-hq2-spectacle-should-be-illegal/575539/.

5. Ed Shanahan, "Amazon Grows in New York, Reviving Debate Over Abandoned Queens Project," *New York Times*, December 6, 2019, https://www.nytimes.com/2019/12/06/nyregion/amazon-hudson-yards.html.

6. Alexander K. Gold, Austin J. Drukker, and Ted Gayer, "Why the Federal Government Should Stop Spending Billions on Private Sports Stadiums," Brookings Institution, September 8, 2016, https://www.brookings.edu/research/why-the-federal-government-should-stop-spending-billions-on-private-sports-stadiums/.

7. Ibid.

8. Ibid.

9. Max H. Bazerman, Jonathan Baron, and Katherine Shonk, *You Can't Enlarge the Pie: Six Barriers to Effective Government* (New York: Basic Books, 2001).

10. Garrett Hardin, "The Tragedy of the Commons," *Science* 162 (1968): 1243–48.

11. Max H. Bazerman and William F. Samuelson, "I Won the Auction but Don't Want the Prize," *Journal of Conflict Resolution* 27

(1983): 618–34.

12. Ibid.

13. Amy Liu, "Landing HQ2 Isn't the Right Way for a City to Create Jobs. Here's What Works Instead," Brookings Institution, August 7, 2018, https://www.brookings.edu/blog/the-avenue/2018/08/07/landing-amazon-hq2-isnt-the-right-way-for-a-city-to-create-jobs-heres-what-works-instead/.

14. Harish, "Animals We Use and Abuse for Food We Do Not Eat," Counting Animals website, March 27, 2013, http://www.countinganimals.com/animals-we-use-and-abuse-for-food-we-do-not-eat/.

15. A. Leonard, *The Story of Stuff*, http://www.thestoryofstuff.com.

16. F. Shahidi and J. R. Botta, "Seafoods: Chemistry, Processing Technology and Quality," Springer Science & Business Media, 2012.

17. Maria Martinez Romero, "Tristam [sic] Stuart Uncovers the Global Food Waste Scandal," *Morningside Post*, March 25, 2017, https://morningsidepost.com/articles/2017/9/9/tristam-stuart-uncovers-the-global-food-waste-scandal.

18. Harish, "Animals We Use and Abuse for Food We Do Not Eat."

19. Tim Searchinger, Richard Waite, Craig Hanson, Janet Ranganathan, World Resources Institute, "World Resources Report: Creating a Sustainable Food Future," July 2019, https://www.wri.org/our-work/project/world-resources-report/world-resources-report-creating-sustainable-food-future.

20. "Plant-Based Food Growing at 20 Percent, Data Shows," *FSR*,

July 30, 2018, https://www.foodnewsfeed.com/content/plant-based-foods-growing-20-per cent-data-shows.

21. About, Glasswall Syndicate, https://glasswallsyndicate.org/ (accessed October 28, 2019).

22. Beth Kowitt, "Tyson Foods Has Invested in a Startup That Aims to Eradicate Meat from Live Animals," *Fortune*, January 29, 2018, http://fortune.com/2018/01/29/tyson-memphis-meats-investment/.

23. https://phys.org/news/2011–04-energy_1.html.

24. Mike Snider, "Dozens of Fake Charities Scammed Donations for Veterans Then Pocketed the Cash: FTC," *USA Today*, July 19, 2018, https://www.usatoday.com/story/money/business/2018/07/19/charity-call-help-vets-scam-so-were-many-others-ftc/797959002/.

25. Ibid.

26. GrantSpace, "How Many Nonprofit Organizations Are There in the United States?" https://grantspace.org/resources/knowledge-base/number-of-nonprofits-in-the-u-s/ (accessed October 28, 2019).

27. Janet Greenlee and Teresa Gordon, "The Impact of Professional Solicitors on Fundraising in Charitable Organizations," *Nonprofit & Voluntary Sector Quarterly*, September 1998.

28. Bazerman, Baron, and Shonk, *You Can't Enlarge the Pie*.

29. Sacha Pfeiffer, "Does Boston Have Too Many Nonprofits? Some Say Yes," *Boston Globe*, July 4, 2016, https://www.bostonglobe.com/business/2016/07/04/does-boston-have-too-many-nonprofits-some-say-yes/XMnV259wjXdugZqrOl3CvI/story.html.

第八章

1. Adapted from Amos Tversky and Daniel Kahneman, "The Framing of Decisions and the Psychology of Choice," *Science* 211 (1981): 453–58; Max H. Bazerman and Don Moore, *Judgment in Managerial Decision Making,* 7th ed. (New York: Wiley, 2009).
2. 读者可能还会考虑汽油的价格、汽车的磨损等，但是你会发现，这些因素并不影响这两个问题的答案。
3. Adapted from Tversky and Kahneman, "The Framing of Decisions and the Psychology of Choice."
4. Cassie Mogilner, Ashley Whillans, and Michael I. Norton, "Time, Money, and Subjective Well-being," *Handbook of Well-Being* (Salt Lake City, UT: DEF, 2018). Retrieved from nobascholar.com.
5. Ibid.
6. Ashley Whillans, *A Happier Time* (Cambridge, MA: Harvard Business School Press, 2020).
7. Ibid.
8. David Ricardo, *On the Principles of Political Economy and Taxation* (Mineola, NY: Dover, 2004). Originally published in 1817.
9. Mary Allen, "How a Cardiologist Is Using Meat to Save More Lives," Good Food Institute, August 10, 2018, https://www.gfi.org/how-a-cardiologist-is-using-meat-to-save.
10. Ibid.
11. Ben Todd, "Your Career Can Help Solve the World's Most Pressing

Problems," 80,000 Hours, October 2019, https://80000hours.org/key-ideas/#further-reading-5.

12. Scott Alexander, "Efficient Charity: Do Unto Others," Effective Altruism, September 3, 2013, https://www.effectivealtruism.org/articles/efficient-charity-do-unto-others/.

13. Linda Babcock, Maria Recalde, Lisa Verterlund, and Laurie Weingart, "Gender Differences in Accepting and Receiving Requests for Tasks with Low Promotability," *American Economic Review* 107 (2017): 714–47.

第九章

1. Scott Simon, "When Disaster Relief Brings Anything but Relief," CBS News, September 3, 2017, https://www.cbsnews.com/news/best-intentions-when-disaster-relief-brings-anything-but-relief/.
2. Ibid.
3. Ibid.
4. Elizabeth Williamson, "A Lesson of Sandy Hook: 'Err on the Side of the Victims,'" *New York Times*, May 25, 2019, https://www.nytimes.com/2019/05/25/us/politics/sandy-hook-money.html.
5. Simon, "When Disaster Relief Brings Anything but Relief."
6. C-SPAN, "Charity Navigator," https://www.c-span.org/organization/?112167/Charity-Navigator (accessed October 28, 2019).
7. Lisa D. Ordóñez, Maurice E. Schweitzer, Adam D. Galinsky, and

Max H. Bazerman, "Goals Gone Wild: The Systematic Side Effects of Over-Prescribing Goal Setting," *Academy of Management Perspectives* 23 (2009): 6–16.

8. "Introduction to Effective Altruism," Effective Altruism, June 22, 2016, https:// www.effectivealtruism.org/articles/introduction-to-effective-altruism/.

9. William MacAskill, *Doing Good Better: How Effective Altruism Can Help You Help Others, Do Work That Matters, and Make Smarter Choices about Giving Back* (New York: Avery, 2016).

10. See, for example, Sara Cappe, "Why Emotional Connections Drive Donations: Lessons from Academic Literature," Maru/Matchbox, January 18, 2018, https:// marumatchbox.com/why-emotional-connections-drive-donating-lessons-from-the-academic-literature/.

11. Max H. Bazerman, "Raiffa Transformed the Field of Negotiation—and Me," *Negotiation and Conflict Management Research* 11 (2018): 259–61.

12. John Rawls, *A Theory of Justice* (Cambridge, MA: Harvard University Press, 1971).

第十章

1. Betsey Stevenson and Justin Wolfers, "Subjective Well-Being and Income: Is There Any Evidence of Satiation?" *American Economic Review, Papers and Proceedings* 101 (May 2013): 598–604.

2. William MacAskill, *Doing Good Better: How Effective Altruism Can Help You Help Others, Do Work That Matters, and Make Smarter Choices about Giving Back* (New York: Avery, 2016).

3. Ibid.

4. 对于成绩好的学生而言，增加课本对提高入学率稍微有一点儿作用。

5. MacAskill, *Doing Good Better*.

6. Toby Ord, "How Many Lives Can You Save? Taking Charity Seriously," March 25, 2013, https://www.youtube.com/watch?v=iGCVRA7T7FE&feature=youtu.be.

7. D.C. Taylor-Robinson, N. Maayan, S. Donegan, M. Chaplin, and P. Garner, "Deworming School Children in Low and Middle Income Countries," Cochrane, September 11, 2019, https://www.cochrane.org/CD000371/INFECTN_deworming-school-children-low-and-middle-income-countries.

8. Dean T. Jamison, Joel G. Breman, Anthony R. Measham, George Alleyne, Mariam Claeson, David B. Evans, Prabhat Jha, Anne Mills, and Philip Musgrove, *Disease Control Priorities in Developing Countries,* 2nd ed. (New York: Oxford University Press and the World Bank, 2006). See also: https://docs.google.com/spreadsheets/d/1OvRumP4GAx5GZ2IYJpUE3CPMG1e9r4g8kWugKmOPF HE/edit#gid=1.

9. R. Fisher, *Statistical Methods for Research Workers*, 13th ed. (Edinburgh: Oliver & Boyd, 1963).

10. Michael Luca and Max H. Bazerman, *The Power of Experiments* (Cambridge, MA: MIT Press, 2020).
11. Ibid.
12. Ibid.
13. Barry Schwartz, "Why Not Nudge? A Review of Cass Sunstein's Why Nudge," Psych Report, April 17, 2014, http://thepsychreport.com/essays-discussion/nudge-review-cass-sunsteins-why-nudge/.
14. Luca and Bazerman, *The Power of Experiments*.
15. Peter Singer, *The Most You Can Do* (New Haven, CT: Yale University Press, 2015).
16. Eric J. Johnson and Daniel G. Goldstein, "Do Defaults Save Lives?" Science 302 (2003): 1338–39.
17. 文献中存在着激烈的争论，争论以下两个政策中，哪一个更好：选择是否退出，还是强迫人们做出选择。为了本书写作目的，我只比较了选择是否加入和选择是否退出这两个政策。
18. Richard Thaler and Cass Sunstein, *Nudge: Improving Decisions about Health, Wealth, and Happiness* (New Haven, CT: Yale University Press, 2008).
19. Shlomo Benartzi, John Beshears, Katherine L. Milkman, Cass Sunstein, Richard H. Thaler, Maya Shankar, Will Tucker, William J. Congdon, and Steven Galing, "Should Governments Invest More in Nudging?" *Psychological Science* 28 (2017): 1041–55.
20. Howard Raiffa, *The Art and Science of Negotiation* (Cambridge, MA: Belknap, 1982); David A. Lax and James K. Sebenius, *The*

Manager as Negotiator: Bargaining for Cooperation and Competitive Gain (New York: Free Press, 1986); Deepak Malhotra and Max H. Bazerman, *Negotiation Genius: How to Overcome Obstacles and Achieve Brilliant Results at the Bargaining Table and Beyond* (New York: Bantam, 2007).

21. Dolly Chugh, *The Person You Mean to Be: How Good People Fight Bias* (New York: Harper Business, 2018).
22. Elizabeth Dunn and Michael Norton, *Happy Money: The Science of Happier Spending* (New York: Simon & Schuster, 2014).
23. Steven Pinker. *Enlightenment Now: The Case for Reason, Science, Humanism, and Progress* (New York: Penguin, 2019).

第十一章

1. Edward S. Russell, "Some Theoretical Considerations on the 'Overfishing' Problem," *ICES Journal of Marine Science* 6 (1931): 3–20; Michael Graham, "Modern Theory of Exploiting a Fishery, and Application to North Sea Trawling," *ICES Journal of Marine Science* 10 (1935): 264–74.
2. Ray Hilborn and Ulrike Hilborn, *Overfishing: What Everyone Needs to Know* (Oxford: Oxford University Press, 2012).
3. "U.N. Report Urges Plant-Based Diets to Combat Climate Change," Animal Equality, August 16, 2019, https://animalequality.org/blog/2019/08/16/un-report-urges-plant-based-diets-to-combat-

climate-change/.
4. Behavioral Insights Interview with Max H. Bazerman—EAGxBoston 2018," April 21, 2018, https://www.youtube.com/watch?v=B8TOz25ctGw.
5. Dan Harris, *10% Happier: How I Tamed the Voice in My Head, Reduced Stress Without Losing My Edge, and Found Self-Help That Actually Works—A True Story* (New York: HarperCollins, 2014).
6. Peter Singer, *The Most Good You Can Do* (New Haven, CT: Yale University Press, 2015).
7. Tobias Leenaert, *How to Create a Vegan World* (New York: Lantern Books, 2017).
8. https://mises.org/wire/altruism-really-virtue.
9. Martin Luther King Jr., *Strength to Love* (Minneapolis: Fortress Press, 2010).